环境工程综合实验

主　编　刘延湘
副主编　石　零　米　铁

华中科技大学出版社
中国·武汉

内 容 简 介

本书按照环境污染控制技术分为三个部分,内容包括水污染控制工程综合实验、大气污染控制工程综合实验及固体废弃物处理与利用综合实验。各部分主要针对一些环境实际问题,选择一些经典及目前应用性较强的处理技术设计成综合性的实验。

本书可作为高等学校环境工程及相关专业本科生、研究生的实验教材或参考书,也可以供相关专业技术人员参考。

图书在版编目(CIP)数据

环境工程综合实验/刘延湘主编 . —武汉:华中科技大学出版社,2019.5
ISBN 978-7-5680-5125-5

Ⅰ.①环… Ⅱ.①刘… Ⅲ.①环境工程-实验 Ⅳ.①X5-33

中国版本图书馆 CIP 数据核字(2019)第 062544 号

环境工程综合实验
Huanjing Gongcheng Zonghe Shiyan

刘延湘　主编

策划编辑:王新华
责任编辑:李　佩　王新华
封面设计:潘　群
责任校对:李　琴
责任监印:周治超
出版发行:华中科技大学出版社(中国·武汉)　　电话:(027)81321913
　　　　　武汉市东湖新技术开发区华工科技园　　邮编:430223
录　　排:武汉正风天下文化发展有限公司
印　　刷:武汉科源印刷设计有限公司
开　　本:710mm×1000mm　1/16
印　　张:6.5
字　　数:135 千字
版　　次:2019 年 5 月第 1 版第 1 次印刷
定　　价:22.00 元

前　　言

随着社会变革与产业革命的挑战，国务院出台了《关于深化高等学校创新创业教育改革的实施意见》和《统筹推进世界一流大学和一流学科建设总体方案》，提出要围绕国家的创新驱动发展战略，深化高校创新创业教育改革，培养具有历史使命感和社会责任心、富有创新精神和实践能力的各类创新型、应用型、复合型优秀人才。实施卓越工程师培养计划、开展工程教育专业认证、发展战略新兴产业相关专业及建设和发展新工科等都强调了人才培养的新内涵、新期望。环境工程是一门重点发展的新兴应用性技术学科，主要解决复杂环境体系中产生的环境问题，必须建立在实验应用的基础上。环境工程实验是环境工程学科的重要组成部分，其中综合性、设计性实验是提高学生综合能力、创新能力的重要途径，要求学生把已学的基础理论及掌握的基本实验方法及技能有效地融合，解决实际环境中有一定难度的复杂问题，以此培养学生学习的主动性、积极性和分析问题、解决问题的能力。

本书共分三部分，第一部分为水污染控制工程综合实验，第二部分为大气污染控制工程综合实验，第三部分为固体废弃物处理与利用综合实验。各部分的实验都是针对当前一些环境问题，结合一些新的处理技术及设备，同时参考了教师积累多年的科研成果编写而成。

本书由刘延湘担任主编，石零、米铁担任副主编，刘君侠、刘晓烨、岳琳、常玉锋参加编写。本书出版得到江汉大学研究生教材建设项目及教务处教材出版基金的资助，在编写过程中借鉴了同行学者的文献资料，在此一并表示衷心感谢。

由于编者水平有限，书中难免存在疏漏和不成熟之处，敬请同行和读者批评指正，使之更加完善。

编　者

目　录

第一部分　水污染控制工程综合实验

实验一　混凝法处理受污染的地表水

一、实 验 目 的

（1）通过烧杯实验，观察混凝现象及过程，了解混凝沉淀的净水机理及影响混凝的主要因素。

（2）了解实验设计的方法，掌握优化混凝工艺条件的方法：单因素实验和正交实验，找出影响混凝沉淀的主要因素，并确定混凝工艺的最佳工艺参数。

二、实 验 原 理

我国城镇普遍存在不同比例的直排污水，导致大部分的城市地表水域受到严重污染，河湖黑臭现象成为制约我国社会、经济发展，影响我国形象和生态安全的重大环境问题。国务院颁布实施的《水污染防治行动计划》（"水十条"）明确了消除黑臭水体的时间表，利用混凝沉淀处理可以快速使受污染地表水变澄清并消除臭味。

分散在水中粒径小的悬浮物以及胶体物质，由于微粒的布朗运动，胶体颗粒间的静电斥力和胶体的表面作用，长期处于稳定分散状态，不能用自然沉淀法去除。混凝的处理对象主要是废水中的微小悬浮物和胶体物质。根据胶体的特性，在废水处理过程中通常采用投加电解质、不同电荷的胶体或高分子等方法破坏胶体的稳定性，然后通过沉淀分离，达到废水净化的目的。关于混凝主要有以下四种机理。

1. 压缩双电层机理

当两个胶粒相互接近以至双电层发生重叠时，产生静电斥力。加入的反离子与扩散层原有反离子之间的静电斥力将部分反离子挤压到吸附层中，从而使扩散层厚度减小。由于扩散层变薄，胶粒相撞时的距离减小，相互间的吸引力变大。胶粒间排斥力与吸引力的合力由斥力为主变为以引力为主，从而使胶粒相互凝聚。

2. 吸附电中和机理

异性胶粒间相互吸引达到电中和而凝聚；大胶粒吸附许多小胶粒或异性离子，ξ

电位降低,吸引力使同性胶粒相互靠近发生凝聚。

3. 吸附架桥机理

吸附架桥作用是指链状高分子聚合物在静电引力、范德华力和氢键等作用下,通过活性部位与胶粒和细微悬浮物等发生吸附桥连的现象。

4. 沉淀物网捕机理

当采用铝盐或铁盐等高价金属盐类作凝聚剂时,若投加量很大而形成大量的金属氢氧化物沉淀,则可以网捕、卷扫水中的胶粒,并以这些沉淀为核心产生沉淀。这基本上是一种机械作用。

消除或降低胶粒稳定因素的过程称为脱稳。脱稳后的胶粒,在一定的水力条件下,才能形成较大的絮凝体,俗称矾花。直径较大且较密实的矾花容易下沉。投加混凝剂使水中胶粒和微小悬浮物形成较大矾花的过程称为混凝。在混凝过程中,上述现象常常不是单独存在的,往往同时存在,只是在一定情况下以某种现象为主。

在混凝沉淀处理过程中,影响混凝沉淀效果的因素较多,主要有水质特征、水温、pH 值、混凝剂及其投加量、混凝剂的投加顺序、水流速度梯度等。

为了迅速找到最佳的反应条件,需要通过实验设计,合理安排实验点,减少实验的工作量。单因素分析法是将 N 个变量中固定 $N-1$ 个变量,改变一个变量。这种方法能确定某个变量对整个实验的影响趋势,最终找到特定环境下的最优方案。在单因素实验结果的基础上,确定正交实验的因素与水平,优化混凝沉淀的最佳工艺条件。

正交实验设计是研究多因素水平的一种设计方法,它是根据正交性从全面实验的所有变量中选取具有代表性的几个变量进行实验,而这些具有代表性的因素具有"均匀分散、齐整可比"的特点。正交实验是一种快速、高效、经济的实验方法。正交实验法就是利用排列整齐的正交表对实验进行整体设计、综合比较、统计分析,实现通过较少的实验次数找到最佳的生产条件,以达到最好的生产工艺效果。

三、实验设备与试剂

1. 实验设备

(1) 六联自动混凝实验搅拌器 1 台。

(2) COD 快速测定分析成套装置 1 套。

(3) pHS-2 型酸度计或精密 pH 试纸。

(4) 光电浊度仪 1 台。

(5) 烧杯(1000 mL、100 mL、200 mL,各 6 个)。

(6) 移液管(1 mL、2 mL、5 mL、10 mL,各 1 支)。

(7) 量筒 1000 mL 1 个。

2. 实验试剂

(1) 混凝剂：聚合氯化铝(PAC)，浓度 10 g/L。

(2) 盐酸、氢氧化钠(浓度 10%)。

(3) 城市黑臭水(COD > 100 mg/L)。

四、实验内容与步骤

(一) 单因素条件选择实验

1. 水样水质特征

取较典型的城市黑臭水样 50 L，测定其浊度和 COD、pH 值、温度等。

2. 混凝条件实验

选择聚合氯化铝(PAC)作为混凝剂对其进行混凝沉淀处理，通过混凝实验确定混凝剂的最佳投药量、最佳 pH 值、最佳水流速度梯度 3 个参数。

(1) 最佳投药量实验

① 形成矾花所用的最小混凝剂量：取 400 mL 污水样置于 1 L 的烧杯中，在搅拌器上进行慢速搅拌(40 r/min)，向其中分次投加混凝剂聚合氯化铝溶液，从 0.5 mL 开始，每次增加 0.5 mL 直至出现矾花为止，记录混凝剂投加总量即是形成矾花的最小投加量。

② 在 6 个 1000 mL 的烧杯中分别放入 1000 mL 原水，然后编号，置于实验搅拌器平台上，根据形成矾花的最小混凝剂的投加量，取其 1/4 作为 1 号烧杯的混凝剂投加量，取其 2 倍作为 6 号烧杯的混凝剂投加量，用依次增加混凝剂投加量相等的方法求出 2~5 号烧杯混凝剂投加量，把混凝剂分别加入 1~6 号烧杯中。

③ 启动搅拌器：快速搅拌 30 s，转速约 300 r/min；中速搅拌 6 min，转速约 100 r/min；慢速搅拌 6 min，转速约 40 r/min。

④ 关闭搅拌器，抬起搅拌桨，静置沉淀 10 min，取上层清液，测定其浊度及 COD，(每杯水样测定三次)，记入表 1-1-1 中，以沉淀水浊度、COD 为纵坐标，混凝剂投加量为横坐标，绘出浊度、COD 与药剂投加量关系的曲线，从图上求出最佳混凝剂投加量。

(2) 最佳 pH 值实验

① 在 6 个 1000 mL 的烧杯分别放入 1000 mL 原水，用稀盐酸、稀氢氧化钠调节原水 pH 值，分别为 3、4、5、7、8、9。

② 利用加药管，向各烧杯中加入相同剂量的混凝剂(最佳剂量采用实验 1 中得出的最佳投药量结果)。

③ 启动搅拌器：快速搅拌 30 s，转速约 300 r/min；慢速搅拌 6 min，转速约 40 r/min。

④ 关闭搅拌机，抬起搅拌桨，静置沉淀 10 min，取上层清液，测定其浊度及 COD (每杯水样测定三次)，记入表 1-1-2 中。

（3）最佳水流速度梯度实验

① 按照最佳混凝 pH 值和最佳投药量，分别调节 6 个 1000 mL 烧杯中水样的 pH 值和投加混凝剂，置于实验搅拌机平台上。

② 启动搅拌机快速搅拌 30 s，转速约 300 r/min。随即把其中 5 个烧杯移置搅拌机上，1 号烧杯继续以 20 r/min 搅拌 20 min。其他各烧杯分别用 50 r/min、90 r/min、150 r/min、200 r/min、300 r/min 搅拌 20 min，记录相应的速度梯度 G 值。

③ 关闭搅拌机，静置 10 min，分别取上层清液，测定其浊度及 COD（每杯水样测定三次），记入表 1-1-3 中。

④ 以沉淀水浊度、COD 为纵坐标，速度梯度 G 值为横坐标绘出浊度、COD 与 G 值的关系曲线，从曲线上求出所加混凝剂混凝阶段适宜的 G 值。

（二）正交优化设计实验

在单因素实验结果的基础上，确定正交实验的因素与水平，优化混凝沉淀的最佳工艺条件。

1. 挑选因素，选水平，制定因素水平表

根据上述实验选取三因素五水平，三因素分别为：pH 值、混凝剂用量和速度梯度 G 值。选择使用 $L_{25}(3^5)$ 正交实验方案（表 1-1-4），一般水处理中，混合阶级的 G 值为 $500 \sim 1000\ s^{-1}$，混合时间为 $10 \sim 30\ s$，一般不超过 2 min；在反应阶段，G 值为 $10 \sim 100\ s^{-1}$，停留时间一般为 $15 \sim 30$ min；沉淀 $20 \sim 40$ min。

2. 选做正交表，进行实验

根据以上选择的因素水平，确定 $L_{25}(3^5)$，建立三因素五水平正交表（表 1-1-4）。

3. 确定实验方案，完成实验

根据确定的因素顺序入列，水平对号入座，列出实验条件，填写实验结果，如表 1-1-5 所示。实验评价指标：选择混凝沉淀效果的指标为浊度去除率及 COD 去除率。

五、注 意 事 项

（1）整个实验过程中采用均匀水样，取样时搅拌均匀。

（2）在最佳投药量、最佳 pH 值实验中，向各烧杯投加药剂时要求同时投加，避免因时间间隔较长各水样加药后反应时间长短相差太大，混凝效果悬殊。

（3）在测定水的浊度、用注射针筒抽吸上层清液时，不要扰动底部沉淀物。同时，各烧杯抽吸的时间间隔尽量减小。

（4）正交实验中一个因子对应一列，不能两个因子对应同一列。

（5）任何两列所构成的各有序数对出现的次数都一样多，每一列中各数字出现的次数都一样多。

（6）根据实验教学的安排与要求，可以在完成单因素实验的基础上，选做正交优化实验，或利用混凝沉淀联合处理污水实验。

六、实验结果记录与分析整理

（1）实验结果记录

原水浊度：_____　　原水温度：_____　　原水 COD：_____　　原水 pH 值：_____

表 1-1-1　混凝剂最佳投加量的选择

水　样　编　号		1	2	3	4	5	6
混凝剂投加量/mL							
矾花观察情况							
沉淀水浊度	1						
	2						
	3						
	均值						
出水 COD /（mg/L）	1						
	2						
	3						
	均值						

表 1-1-2　混凝最佳 pH 值的选择

水　样　编　号		1	2	3	4	5	6
pH 值							
混凝剂投加量/mL							
矾花观察情况							
沉淀水浊度	1						
	2						
	3						
	均值						
出水 COD /（mg/L）	1						
	2						
	3						
	均值						

表 1-1-3　混凝最佳速度梯度 G 值的选择

水 样 编 号		1	2	3	4	5	6
pH 值							
混凝剂投加量/mL							
速度梯度 G 值/s^{-1}							
矾花观察情况							
沉淀水浊度	1						
	2						
	3						
	均值						
出水 COD /(mg/L)	1						
	2						
	3						
	均值						

（2）以沉淀水浊度、COD 为纵坐标，投药量为横坐标，绘制关系曲线，从曲线上求出最佳投药量。

（3）以沉淀水浊度、COD 为纵坐标，水样 pH 值为横坐标，绘制关系曲线，从图上求出所投加混凝剂的混凝最佳 pH 值及其适用范围。

（4）以沉淀水浊度、COD 为纵坐标，速度梯度 G 值为横坐标，绘制关系曲线，从曲线上求出所加混凝剂混凝阶段适宜的 G 值。

（5）正交实验结果分析与评价

对实验结果进行统计分析：极差分析，方差分析。根据分析结果，确定优化工艺的方案。

表 1-1-4　正交实验因素水平表

水　平	因　素		
	pH 值	混凝剂用量/mL	速度梯度 G 值/s^{-1}
1			
2			
3			
⋮			

表 1-1-5　正交实验表

实验编号	pH 值	混凝剂用量/mL	G 值/s^{-1}	浊度去除率/(%)	COD 去除率/(%)
1					
2					
3					
⋮					

七、思 考 题

(1) 根据实验结果以及实验中所观察到的现象,简述影响混凝的几个主要因素。

(2) 为什么达到最大投药量时,混凝效果不一定好?

(3) 正交实验与单因素实验的特点是什么?

(4) 正交实验设计的关键步骤是什么?

实验二　气浮法处理工业乳化废水

一、实 验 目 的

(1) 理解工业乳化废水的特点及处理方法。

(2) 掌握加压溶气气浮法以及其实验系统的运行。

(3) 掌握影响气浮法处理效果的主要因素,了解气浮法处理的工艺流程。

(4) 了解常见的破乳方法,根据要求选择合适的破乳方法。

二、实 验 原 理

乳化液废水是一种排量大且污染面广的污染源,主要来自石油、化工、钢铁、焦化、煤气发生站、机械等工业企业。乳化液废水的特点是品种繁多、COD 和含油量浓度高、处理难度大。国内外已开发了一些乳化液废水处理技术,如:化学法(化学破乳法、混凝-气浮法)、生化法、电解法、离心分离法、吸附过滤法、膜过滤法等,其中混凝-气浮法是较常见的处理工艺。

加压溶气气浮法是通过向废水中通入空气(或其他难溶于水的气体)使废水中产

生大量微气泡,并与废水中悬浮污染颗粒物黏附,形成密度小于水的气泡-颗粒物复合体,使污染物浮到水面,在水面积聚成浮渣以便从水中分离除去。根据产生微气泡的方式不同,气浮工艺一般有曝气气浮、溶气气浮、电解气浮三种类型。

　　加压溶气气浮法是目前常用的气浮工艺,该方法是使空气在加压的条件下溶于水中,然后通过将压力降至常压而使过饱和的空气以细微气泡形式释放出来。加压溶气气浮法包括三种基本流程:全溶气流程、部分溶气流程和回流溶气流程。进行气浮时,用溶气泵将污水抽出送至压力为 2～4 个大气压的溶气罐中。空气在罐内溶解于加压的清水或经处理的回流水中,然后使经过溶气的水(溶气水)通过减压阀(或释放器)进入气浮池,此时由于压力的突然降低,溶解于加压水中的空气便以微气泡的形式从水中释放出来。微细气泡在上升的过程中附着在悬浮颗粒上,使颗粒的密度减小,上浮到气浮池的表面与水分离,达到去除的目的。

　　疏水性很强的物质(如植物纤维、油珠及炭粉末等),不投加化学药剂即可获得满意的固-液分离效果。一般疏水性或亲水性的物质,均需投加化学药剂,以改变颗粒的表面性质,增加气泡与颗粒的吸附。

三、实验装置及材料

1. 实验装置

实验采用加压溶气气浮实验装置如图 1-2-1 所示。

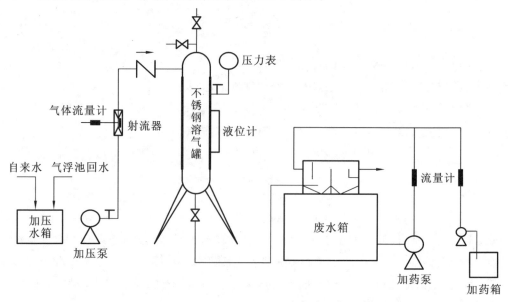

图 1-2-1　加压溶气气浮实验示意图

2. 实验材料

复合破乳混凝剂；工业乳化废水；水质分析（COD，SS 值）所需的器材及试剂。

四、实　验　步　骤

（1）首先检查气浮实验装置是否完好。

（2）把自来水加到回流加压水箱与气浮池中，至有效水深度的 90%。

（3）将含有悬浮物或胶体的乳化废水加到废水配水箱中，投加复合破乳混凝剂后搅拌混合（投药量通过预实验确定）。

（4）先开动溶气泵往溶气罐中注水加压，加压至 0.3 MPa。

（5）待溶气罐中的水位升至液位计中间高度，开启释放器的闸阀，调节气浮水量，待空气在气浮池中释放并形成大量微小气泡时，保持工作状态良好，当气浮槽的水体积达到 2/3 时，再打开废水配水箱、废水进水量可按 4～6 L/min 的速度控制，与溶气水混合，气泡与颗粒物上浮，表面浮渣在一端通过刮渣收集排除，下部清水加入溶气水箱循环使用。

（6）测定废水与处理出水的水质（COD，SS 值）变化。

五、实验结果记录与分析整理

（1）根据实验设备尺寸与有效容积，以及水和空气的流量，分别计算溶气时间、气浮时间、气固比等参数。

（2）用量筒量取溶气良好的溶气水，记录气液界面的上升速度，计算微气泡的直径。

（3）计算不同运行条件下，废水中污染物（以悬浮物表示）的去除率，以去除率为纵坐标，以某一运行参数（如溶气罐的压力、气浮时间或气固比等）为横坐标，作出污染物去除率与其运行参数之间的定量关系曲线。

（4）测出水 COD、SS 值，将数据记录于表 1-2-1 中。

表 1-2-1　加压溶气气浮实验记录

废水量	溶气罐压力	加压水量	取样体积/mL	COD/(mg/L)	悬浮物浓度 SS 值/(mg/L)

（5）根据实验结果分析原水样水质与处理后水的水质，分别计算 COD、SS 值及含油量去除率 E。

$$E = \frac{c_0 - c}{c_0} \times 100\% \qquad (1\text{-}2\text{-}1)$$

式中：c_0——废水 COD、SS 值（mg/L）；

　　　c——处理水 COD、SS 值（mg/L）。

六、注 意 事 项

（1）气浮压力必须保持在 0.3～0.5 MPa。若压力低于 0.3 MPa 时，将产生回流，此时需释放压力，重新启动设备。

（2）水箱必须加满，或水位至少高于加压水泵出水口，否则水泵中进入空气后，无法运行。

（3）释放器若发生堵塞，需开大释放器阀门，对其冲洗。

（4）调节释放器阀门大小，以调节溶气压力。

（5）实验结束后，加压溶气需先打开放压阀，使其减压后，再将气水放空。

七、思 考 题

（1）简述气浮法的含义及原理。

（2）简述加压溶气气浮装置的组成及各部分的作用。加压溶气气浮法有何特点？

（3）观察实验装置运行是否正常，气浮池内的气泡是否很微小，若不正常，是什么原因？如何解决？

实验三　高级氧化法处理有机废水实验

一、实 验 目 的

（1）掌握几种常用的高级氧化法：臭氧氧化、Fenton 氧化、光催化氧化等的作用机理。

（2）了解影响高级氧化法处理废水效果的因素。

二、实验原理

高级氧化法(advanced oxidation processes,简称 AOPs)又称深度氧化技术,作为高难度有机废水处理方法得到广泛的研究与应用。该技术是通过产生活性极强的活性氧自由基(如·OH)氧化分解有机物为低毒或无毒的小分子物质,甚至直接降解为 CO_2 和 H_2O 的新型氧化技术。

高级氧化体系较多,目前常用的有化学氧化、电化学氧化、湿式氧化、超临界水氧化、光催化氧化、超声波氧化等。典型的 AOPs 有臭氧氧化、O_3/UV、O_3/H_2O_2、UV/H_2O_2、H_2O_2/Fe^{2+}(Fenton 试剂)、TiO_2 光催化等。

1. 臭氧氧化机理

臭氧氧化能力很强,在酸性条件下得电子形成的氧化作用反应体系的标准电极电位 $E^{\ominus}=+2.07$ V。无论在水中,还是在空气中,臭氧都具有极强的氧化性,能够氧化大部分的无机物和有机物,臭氧与水中有机物的反应十分复杂,既有臭氧的直接氧化反应,也有新生自由基的氧化反应。

臭氧与有机物的反应机理大致包括以下三类。

(1) 夺取氢原子,并使链烃羰基化,生成醛、酮或羧酸;芳香化合物先被氧化为酚,再被氧化为二元羧酸;

(2) 打开双键,发生加成反应;

(3) 氧原子进入芳香环发生取代反应。

2. 臭氧氧化法的影响因素

影响臭氧氧化的因素有污染物成分、含量、臭氧投加量、废水的 pH 值、水气接触时间、紫外光波长、照射强度、气体分布状况、水温等。

(1) 臭氧浓度

由于臭氧在水中的溶解度比较小,提高臭氧的浓度能够改变臭氧在水中的溶解平衡,进而提高臭氧氧化的效果。

(2) 体系的 pH 值

反应体系的 pH 值对臭氧氧化降解的影响非常大。体系的 pH 值会直接影响以羟基自由基为主的各类自由基的产生。

(3) 体系温度

体系温度对反应速率有明显的影响,温度升高有助于提高臭氧分子在水溶液中分解产生的自由基浓度,同时温度升高有助于提高水溶液中污染物分子与臭氧分子或者自由基的平均分子动能,有利于污染物分子与臭氧分子或者自由基的碰撞,从而提高氧化降解的速率。

(4) 催化剂

碱催化臭氧氧化:如 O_3/H_2O_2,通过 OH^- 来催化产生 ·OH 而对有机物进行降解;光催化臭氧氧化:如 O_3/UV、$O_3/H_2O_2/UV$;多相催化臭氧氧化:如 O_3/固体催化剂(活性炭、金属及其氧化物)。

3. Fenton 反应机理与影响因素

过氧化氢与亚铁离子结合形成的 Fenton 试剂,具有极强的氧化能力,关于其机理曾经提出了多种解释,一般认为其氧化机理主要是在酸性条件下,利用亚铁离子作为过氧化氢分解的催化剂,反应过程可以生成反应活性极高的羟基自由基(·OH),它具有很强的氧化能力。羟基自由基可进一步引发自由基链反应,从而使大部分有机物降解,甚至使部分有机物达到矿化。其一般反应历程如下:

链引发

$$Fe^{2+} + H_2O_2 \longrightarrow Fe^{3+} + \cdot OH + OH^- \tag{1-3-1}$$

$$Fe^{3+} + H_2O_2 \longrightarrow Fe^{2+} + HO_2 \cdot + H^+ \tag{1-3-2}$$

$$HO_2 \cdot + H_2O_2 \longrightarrow O_2 + H_2O + \cdot OH \tag{1-3-3}$$

链传递

$$RH + \cdot OH \longrightarrow R \cdot + H_2O \tag{1-3-4}$$

$$R \cdot + Fe^{3+} \longrightarrow R^+ + Fe^{2+} \tag{1-3-5}$$

$$4Fe^{2+} + O_2 + 4H^+ \longrightarrow 4Fe^{3+} + 2H_2O \tag{1-3-6}$$

链终止

$$R^+ + O_2 \longrightarrow ROO^+ \longrightarrow CO_2 + H_2O \tag{1-3-7}$$

$$Fe^{3+} + 3OH^- \longrightarrow Fe(OH)_3(胶体) \tag{1-3-8}$$

H_2O_2 与 Fe^{2+} 产生的羟基自由基·OH 与有机物 RH 作用,反应生成游离基·R。·R 在氧气或铁离子的作用下进一步氧化为 CO_2 和 H_2O,从而使废水的 COD 大大降低,其中·OH 产生的反应步骤控制了整个反应的速度。·OH 通过与有机物反应逐渐被消耗,Fe^{3+} 能催化降解 H_2O_2 使之变为 O_2 和·OH。在 H_2O_2 存在的条件下,Fe^{3+} 可以通过反应再生为 Fe^{2+},这样通过铁的循环,源源不断地产生·OH。

总反应:$H_2O_2 \longrightarrow HO \cdot + 2H_2O + O_2$($Fe^{2+}$ 催化剂)

从上述机理可以看出,体系中的 H_2O_2 和 H^+ 对反应有重要的意义,Fenton 反应只有在酸性条件下,控制合适的 Fe^{2+} 及 H_2O_2 的量,才能产生大量的·OH,因此对环境条件要求比较苛刻。影响 Fenton 反应的主要条件有以下几种。

(1) pH 值:中性和碱性条件下,Fe^{2+} 不能催化 H_2O_2 产生羟基自由基,致使产生的 Fe^{3+} 形成 $Fe(OH)_3$(胶体)而无法被还原为 Fe^{2+} 进行后续催化反应,在酸性(pH 3～5)条件下效果最好。

(2) H_2O_2 浓度:H_2O_2 浓度较低时,产生羟基自由基的量随 H_2O_2 浓度的增加而增加。但是当 H_2O_2 过量时,H_2O_2 会迅速氧化 Fe^{2+},既消耗 H_2O_2,又抑制羟基自由基的产生。

（3）催化剂浓度：Fe^{2+} 浓度过低时，反应速度极慢；Fe^{2+} 浓度过高时，还原 H_2O_2 消耗药剂增加色度。

（4）反应温度：温度升高不仅加速主反应的进行，同时加速副反应和相关逆反应的进行，适当的温度激活了自由基，而温度过高就会出现 H_2O_2 分解为 O_2 和 H_2O。一般室温下操作，不考虑温度的影响。

4. TiO_2 光催化反应机理与影响因素

光电催化技术是从半导体光催化氧化技术衍生发展而来的一项深度氧化技术。半导体材料 TiO_2 作为光催化剂，具有化学稳定性高、耐酸碱性好、对生物无毒、不产生二次污染、价廉等优点，故以 TiO_2 为催化剂的非均相纳米光催化氧化是一种具有广阔应用前景的水处理新技术。

当一个能量 $h\nu$ 大于半导体禁带宽度 E_g 的光子射入半导体时，一个电子由价带（VB）激发到导带（CB），因而在导带上产生一个高活性电子（e^-），在价带上留下了一个空穴（h^+），形成氧化还原体系。溶解氧、水、电子以及空穴相互作用，最终产生高活性的活性氧化物种。$\cdot OH$、$\cdot O_2^-$、$\cdot OOH$ 自由基具有强氧化性，能将大多数吸附在 TiO_2 表面的有机污染物降解为 CO_2、H_2O，将无机污染物氧化或还原为无害物。TiO_2 光催化降解机理共分为 8 个步骤。

$$TiO_2 + h\nu \longrightarrow e^- + h^+ \tag{1-3-9}$$

$$h^+ + H_2O \longrightarrow \cdot OH + H^+ \tag{1-3-10}$$

$$e^- + O_2 \longrightarrow OO^- \tag{1-3-11}$$

$$OO^- + H^+ \longrightarrow \cdot OOH \tag{1-3-12}$$

$$2 \cdot OOH \longrightarrow O_2 + H_2O_2 \tag{1-3-13}$$

$$OO^- + e^- + 2H^+ \longrightarrow H_2O_2 \tag{1-3-14}$$

$$H_2O_2 + e^- \longrightarrow \cdot OH + OH^- \tag{1-3-15}$$

$$h^+ + OH^- \longrightarrow \cdot OH \tag{1-3-16}$$

TiO_2 光催化降解有机物的影响因素：

（1）有机物初始浓度

光催化氧化的反应速率可用 Langmuir-Hinshelwood 动力学方程式来描述：

$$v = kKc/(1 + Kc) \tag{1-3-17}$$

式中：v——反应速率；

c——反应物浓度；

K——表观吸附平衡常数；

k——发生于光催化活性位置的表面反应速率常数。浓度较低时，$Kc \ll 1$，则上式可以简化为

$$v = kKc = K'c \tag{1-3-18}$$

即在一定范围内，反应速率与溶质浓度成正比，初始浓度越高，降解速率越大。但是当初始浓度超过一定范围时，反应速率有可能随着浓度的升高而降低。因此，溶液的

初始浓度应控制在一定的范围内。

（2）催化剂用量

在一定强度的紫外光照射下，TiO_2 粒子被激发，继而在光催化体系中产生羟基自由基等系列活性氧化物种，因此较多的 TiO_2 必然能产生较多的活性氧化物种以加快反应进程，从而提高降解效率，可是当催化剂超过一定量时反应速率不再增加。这是因为过多的 TiO_2 粉末会造成光的透射率降低及发生光散射现象，所以进行光催化降解反应时有必要选择一个最佳的催化剂加入量。

三、实验仪器与试剂

1. 实验仪器

（1）多功能光化学反应装置 1 套。

（2）O_3/UV 反应器 1 套。

（3）紫外-可见分光光度计。

（4）pHS-3C 精密酸度计。

（5）磁力搅拌器或振荡器。

（6）分析天平。

（7）石英反应器 2 个。

（8）石英玻璃试管（50 mL）。

2. 实验试剂

（1）双氧水（30%）。

（2）$FeSO_4 \cdot 7H_2O$（现用现配）。

（3）氢氧化钠。

（4）硫酸。

（5）盐酸。

（6）纳米 TiO_2（P25）。

（7）有机印染废水：直接取自印染处理厂原水或用亚甲蓝染料配制模拟废水。

四、实验内容与步骤

（一）臭氧氧化脱色实验

1. 亚甲蓝浓度-吸光度标准曲线的确定

亚甲蓝简称 MB，是一种常用的杂环芳烃类有机染料，近年来常用作光催化降解研究的典型对象。MB 在可见光区的最大吸收波长为 665 nm。

（1）配制亚甲蓝溶液标准储备液，配制标准使用液（50 mg/L）。

（2）移取 5 mL、10 mL、20 mL、30 mL、40 mL、50 mL 标准使用液到 50 mL 的比色管中，稀释至刻度。

（3）在 665 nm 处用 3 cm 比色皿测定其相应的吸光度，作出相应的标准曲线（表 1-3-1）。

2. 三种浓度亚甲蓝溶液的 O_3/UV 去除特性研究

（1）调整好氧气钢瓶的压力大小，并调整好 O_3/UV 反应器的进气流量。

（2）取 4 L 左右的自来水倒入 O_3/UV 反应器中，加入亚甲蓝约 1.6 g，即配制浓度为 400 mg/L 的亚甲蓝溶液，倒入 O_3/UV 反应器，按时间 0 min、10 min、20 min、30 min、60 min、90 min、120 min 取样，测亚甲蓝溶液的吸光度，放去剩余水，清洗仪器。（每次取样约 50 mL）

（3）取 4 L 左右的自来水，倒入 O_3/UV 反应器中，加入亚甲蓝约 0.8 g，即配制浓度为 200 mg/L 的亚甲蓝溶液，重复上面的步骤。

（4）取 4 L 左右的自来水，倒入 O_3/UV 反应器中，加入亚甲蓝约 0.4 g，即配制浓度为 100 mg/L 的亚甲蓝溶液，重复上面的步骤。

3. 亚甲蓝溶液的 O_3 处理和 O_3/UV 处理对比研究

取 4 L 左右的自来水，倒入 O_3/UV 反应器中，加入亚甲蓝约 0.4 g，即浓度为 100 mg/L 的亚甲蓝溶液，开启 UV，按时间 0 min、10 min、20 min、30 min、60 min、90 min、120 min 取样，测亚甲蓝溶液的吸光度，放去剩余水，清洗仪器。实验结果记录在表 1-3-2 中。

（二）亚甲蓝 Fenton 氧化处理实验

1. 标准曲线的绘制

方法同（一）。

2. Fenton 氧化处理实验

按照氧化剂与有机物的物质的量之比 10∶1 计算氧化剂的量；按照氧化剂 H_2O_2 与催化剂 Fe^{2+} 物质的量之比 1∶1 计算催化剂的量，改变各浓度，确定最佳值。

（1）Fe^{2+} 浓度的影响

取 4 份 100 mL 的亚甲蓝操作液（50 mg/L）到 4 个烧杯中，调节 pH 值至 2～3；4 个烧杯中分别加入 0 g、0.01 g、0.05 g、0.1 g 的 $FeSO_4 \cdot 7H_2O$ 固体，搅拌，再分别加入 1 mL 的 H_2O_2，并同时开始计时，搅拌 10 min、20 min、30 min 后，各取样 2 mL，于最大吸收波长处比色测定，记录数据于表 1-3-3 中，确定亚铁离子的最佳投加量。

（2）H_2O_2 浓度的影响

取 4 份 100 mL 的亚甲蓝操作液（50 mg/L）于 4 个烧杯中，调节 pH 值至 2～3；4 个烧杯中分别加入前面实验得出的最佳投加量的 $FeSO_4 \cdot 7H_2O$ 固体，搅拌，再分别加入 0.1 mL、0.5 mL、1.0 mL、1.5 mL 的 H_2O_2，搅拌，同时开始计时，0 min、10 min、20 min、30 min 后，各取样 2 mL，于 665 nm 波长处比色测定，记录数据于表 1-3-4 中，确定 H_2O_2 的最佳投加量。

（三）TiO₂光催化降解实验

1．标准曲线的绘制

方法同（一）。

2．直接光解和 TiO_2 光催化降解对比实验

（1）取两个反应器，编号为 A、B。A 的条件：用量筒量取 20 mg/L 的亚甲蓝 150 mL，倒入 A 反应器中，不加 TiO_2，放入搅拌子；B 的条件：用量筒量取 20 mg/L 的亚甲蓝 150 mL，倒入 B 反应器中，加入 0.2 g TiO_2，放入搅拌子，将两个反应器放入光反应装置中，打开冷凝水和紫外灯进行光催化实验。

（2）分别于 0 min、10 min、20 min、30 min、40 min 和 60 min 取样，用一次性注射器（或移液管）取样 10 mL 于离心管中，高速离心分离，或者经 0.45 μm 微孔滤膜过滤后，在分光光度计上测定其吸光度，再根据标准曲线计算对应的浓度。

3．初始浓度的影响

分别配制一组较低浓度（20 mg/L、40 mg/L、60 mg/L、80 mg/L）的亚甲蓝溶液，以高压汞灯为光源，在上述反应装置中进行光催化反应，其余条件不变，记录亚甲蓝浓度与处理时间的关系，并计算出光催化降解速率。

4．催化剂用量的影响

分别取 4 份等体积、等浓度的亚甲蓝溶液，使得 TiO_2 的加入量分别为 0.2 mg/L、0.5 mg/L、1 mg/L、2 mg/L，其余条件不变，记录亚甲蓝浓度与处理时间的关系，并计算出光催化降解速率。

5．pH 值的影响

分别取 4 份等体积、等浓度的亚甲蓝溶液，用 36%～38% 的 HNO_3 和稀 NaOH 溶液调节反应液的起始 pH 值至 3、5、8、11，分别进行光催化反应。

五、实验结果记录与分析整理

（一）臭氧氧化脱色实验结果

（1）标准曲线的绘制。记录各个浓度亚甲蓝的吸光度于表 1-3-1 中，绘制标准曲线，确定回归方程。

表 1-3-1　亚甲蓝标准浓度-吸光度标准曲线

序　　号	1	2	3	4	5	6
浓度/(mg/L)	5	10	20	30	40	50
吸光度						

（2）记录不同浓度的亚甲蓝溶液在 O_3/UV 和 O_3 处理时的不同时间内各自吸光度和对应浓度于表 1-3-2 中，并在一张图上画出这两种体系的脱色变化趋势。

表 1-3-2　亚甲蓝溶液臭氧脱色实验结果

t/min	O_3 氧化/(mg/L)			O_3/UV 氧化/(mg/L)		
	400	200	100	400	200	100
0						
10						
20						
30						
60						
90						
120						

（二）亚甲蓝废水 Fenton 氧化处理实验结果

（1）标准曲线的绘制：列表记录各个浓度亚甲蓝的吸光，绘制标准曲线，确定回归方程。方法同（一）。

（2）Fe^{2+} 浓度对亚甲蓝去除率的影响，结果记录于表 1-3-3 中，并绘制去除率-Fe^{2+} 浓度曲线。

表 1-3-3　Fe^{2+} 浓度对亚甲蓝去除率的影响

t/min	Fe^{2+} 浓度/(mg/L)			去除率/(%)		
	0.01	0.05	0.1	0.01	0.05	0.1
0						
10						
20						
30						

（3）H_2O_2 浓度对亚甲蓝去除率的影响，结果记录于表 1-3-4 中，并绘制去除率-H_2O_2 浓度曲线。

表 1-3-4　H$_2$O$_2$ 浓度对亚甲蓝去除率的影响

t/min	H$_2$O$_2$ 浓度/(mg/L)				去除率/(%)			
	0.1	0.5	1.0	1.5	0.1	0.5	1.0	1.5
0								
10								
20								
30								

(三) TiO$_2$ 光催化降解实验结果

(1) 标准曲线的绘制:列表记录各个浓度亚甲蓝的吸光度,绘制标准曲线,确定回归方程。方法同(一)。

(2) 根据影响 TiO$_2$ 光催化降解的因素:有机物初始浓度、催化剂用量、初始 pH 值等,设计不同的条件进行实验,实验结果记录于表 1-3-5 至表 1-3-8 中。

(3) 绘制亚甲蓝剩余浓度随时间、初始浓度、催化剂用量、初始 pH 值的变化关系曲线,作出 $\ln(c_0/c)$-k 的关系图,计算出不同条件下的表观反应速率常数 k 的值,找出该反应最适宜的反应条件。

表 1-3-5　直接光解和 TiO$_2$ 光催化降解对比实验结果

t/min	直接光解		TiO$_2$ 光催化降解	
	c/(mg/L)	c_0/c	c/(mg/L)	c_0/c
0				
10				
20				
30				
40				
60				

表 1-3-6　初始浓度的影响实验结果

t/min	初始浓度/(mg/L)			
	20	40	60	80
0				

续表

t/min	初始浓度/(mg/L)			
	20	40	60	80
10				
20				
30				
40				
60				

表 1-3-7　催化剂用量的影响实验结果

t/min	催化剂用量/(mg/L)			
	0.2	0.5	1	2
0				
10				
20				
30				
40				
60				

表 1-3-8　pH 值的影响实验结果

t/min	pH 值			
	3	5	8	11
0				
10				
20				
30				
40				
60				

六、思　考　题

（1）O_3 氧化处理中，其用量为多少？

（2）O_3 氧化处理中，影响的因素有哪些？

（3）试简述 Fenton 氧化的基本原理。

（4）影响 Fenton 氧化降解有机物的因素有哪些？pH 值的影响如何？

（5）简述 TiO_2 光催化降解有机物的基本原理。

（6）简述高级氧化法在污染控制中的适用范围和应用特点。

七、注　意　事　项

（1）配制溶液要迅速。

（2）测定吸光度，以初始值为准。

（3）该催化反应存在许多本实验并未探究的影响因素，因此在实验操作时必须严格控制这些影响因素，例如光照强度、温度等。

（4）Fenton 反应实验中，对采集的样品要采取适当的方法终止反应。

实验四　SBR＋MBR 工艺处理生活污水实验

一、实　验　目　的

（1）了解间歇式活性污泥法（SBR）的运行工况及操作方式。

（2）掌握对活性污泥的指示微生物观察及活性污泥沉降性能指标 SV％、MLSS、SVI 值的测定方法，评价废水处理效果。

（3）了解膜生物反应器（MBR）的构造和工作原理。

（4）测定 SBR＋MBR 工艺处理生活污水的效率。

二、实　验　原　理

活性污泥法是废水处理中应用较为广泛的技术之一。活性污泥是活性污泥法处理废水的主体，污泥中微生物的生长、繁殖、代谢活动及微生物之间的演替情况往往直接反映了废水处理的状况。因此,在操作管理中除了利用物理、化学的手段来测定活性污泥的性质外,还可以借助显微镜观察生物相的状态来判断废水的运行情况。在正常成熟的活性污泥中,细菌大多聚集于菌胶团絮体中,此时污泥絮体具有一定的形状,而且结构稠密、折光率高、沉降性能好。原生动物常作为污水净化指标,当固着型纤毛虫,如钟虫属、累枝虫属、盖虫属占优势时,一般认为污水处理运行正常,当后生动物轮虫等大量出现时,意味着污泥极度衰老。

反映活性污泥活性的指标是需要经常测定的。污泥沉降比 SV%、污泥浓度 MLSS、污泥体积指数 SVI 等,与剩余污泥的排放量及处理效果等密切相关。

间歇式活性污泥法(sequencing batch reactor activated sludge process,SBR)是污水处理中应用较广的一种技术。SBR 与传统活性污泥法的最大区别就是以时间分割的操作方式代替了传统的空间分割的操作方式,以非稳态的生化反应代替了稳态的生化反应,以静止的理论沉淀代替了传统的动态沉淀方式。SBR 的核心技术是 SBR 反应器,该池将调节均化、初沉淀、生化、二次沉淀等多重功能集于一池,通常情况下,它主要由反应池、配水系统、排水系统、排泥系统、曝气系统及自动控制系统组成。在工艺运行上的主要特征是顺序、间歇周期性运行,污水处理工程中,当污水连续排放时,SBR 系统有多个反应池。污水按照序列加入每个反应池,它们运行时的相对关系是有序的,也是间歇的。在每个反应池中一个运行周期包括进水、反应、沉淀、排水(滗水)、排泥、闲置 5 个阶段(图 1-4-1),由可编程控制器(PLC)控制完成。

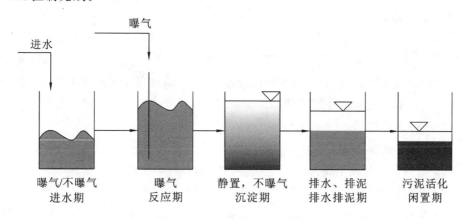

图 1-4-1　SBR 运行操作方式

膜生物反应器(membrane bio-reactor,MBR)是由膜分离和生物处理结合而成的一种新型、高效污水处理技术。其基本原理是先经过生物降解,然后通过膜分离作用去除有机物。常见的膜生物反应器组件包括进水单元、曝气单元、出水单元、膜组件及反冲洗装置等。膜组件是膜生物反应器的关键部件,根据膜组件和生物反应器的组合方式可以将 MBR 分为外置式与内置式两种。内置式 MBR 是指膜组件安置在生物反应器内部,将膜组件浸没于生物反应器中即构成一体式膜生物反应器。MBR 利用曝气时气液向上的剪切力来实现膜面的错流效果,也有采用在一体式膜组件附近进行叶轮搅拌和膜组件自身的旋转(如转盘式膜组件)来实现膜面错流效应,主要是为了减轻膜污染。膜生物反应器是膜技术与污水生物处理技术有机结合产生的污水处理新工艺。其生产和发展是这两类知识应用和发展的必然结果,膜技术和污水生物处理技术学科交叉、结合,开辟了污水处理技术研究和应用的新领域。

本实验装置采用中空纤维膜与好氧活性污泥反应器有机地结合在一起,组成一个高效的有机废水生物处理系统。由过滤膜替代二次沉淀池的作用,将被微生物降解后的处理水直接从活性污泥反应器中很好地分离出来。

在污水处理系统中,有机污染物的处理由活性污泥承担,而出水则由膜承担,从而实现了真正意义上的泥水分离。与常规活性污泥法相比,膜生物反应系统具有较高的污泥浓度和较长的停留时间,再加上膜的分离作用,有效地保证了处理后的水质。从目前的趋势看,中水回用将是 MBR 在我国推广应用的主要方向。

三、实验设备和材料

1. 实验设备

(1) SBR＋MBR 反应器 1 套:SBR 池 1 套、废水配水箱 1 个、配水箱水泵 1 台、液体流量计 1 个、气泵 1 台、气体流量计 1 个、膜组件 1 套、抽吸泵 1 台、出水流量计 1 个、自动控制箱 1 套、有机玻璃膜生物反应器 1 个、可编程序控制系统 1 套、布气管及阀门等 1 套、不锈钢实验台架 1 套。

(2) DO 测定仪。

(3) COD 和 BOD 测定仪。

(4) 电热恒温鼓风干燥箱。

(5) 分析天平。

(6) 漏斗与漏斗架。

(7) 100 mL 量筒。

(8) 生物显微镜。

2. 实验材料

直接取生活污水,或者模拟生活污水,采用营养物配制废水,废水基质浓度为 5000 mg/L 左右。营养物组成见表 1-4-1。

表 1-4-1　实验所需营养物一览表

序　号	营　养　物	品　级	浓度/(mg/L)
1	谷氨酸钠(或者葡萄糖)	食用级	1000
2	KH_2PO_4	CP	500
3	$NaHCO_3$	CP	500
4	$MgSO_4$	CP	500
5	$CaCl_2$	CP	500
6	$MnSO_4$	CP	500
7	$FeSO_4 \cdot 6H_2O$	CP	500

四、实验内容和步骤

(一)活性污泥的接种与培养

在实验前 15 d,取城市污水处理厂活性污泥进行接种,按反应器体积投放活性污泥,使各反应器内 MLSS 为 1.5~2 g/L;通过连续曝气、间歇进水的方式进行污泥的培养。

(二)活性污泥性能分析与评价

1. 活性污泥生物相的显微镜观察

(1)活性污泥取样制片

擦干酒精浸泡好的载玻片和盖玻片,取一滴新鲜污泥放在载玻片中央;然后将盖玻片从一侧缓缓盖上,以免产生气泡。

(2)微生物相的显微镜观察

① 菌胶团的形状　菌胶团的形状可有四种:球形、不规则形、开放形、封闭形。

② 菌胶团的紧密度　用弱、强表示。弱的菌胶团中,细胞的结合程度很低,缺乏一个紧密的中心(图 1-4-2)。强的菌胶团中,细胞的结合程度高,菌胶团与液体之间有明显的界线(图 1-4-3)。

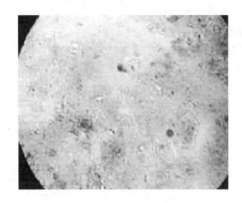

图 1-4-2　弱菌胶团

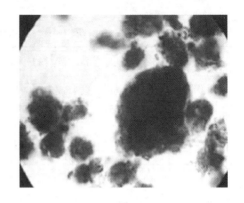

图 1-4-3　强菌胶团

③ 菌胶团的尺寸　菌胶团的尺寸按直径大小分为三种情况：大（$d > 500\ \mu m$）；中（$150\ \mu m < d \leqslant 500\ \mu m$）；小（$d \leqslant 150\ \mu m$）。直径一般以相距最远的边缘为准。

④ 菌胶团的组成　主要指老化污泥多少、菌胶团的形状及大小分布、是否有无机颗粒（图 1-4-4）及非生物有机颗粒（图 1-4-5）、颜色等。新生菌胶团一般颜色浅，生命力旺盛；老化菌胶团颜色深、结构松散、活性不强。菌胶团的形状及大小反映菌胶团细菌种类的丰富程度。菌胶团颜色发黑，可能是曝气池氧气不足；菌胶团颜色发白，可能是曝气池氧气过高或进水负荷低，污泥中细菌缺乏营养而自身氧化。

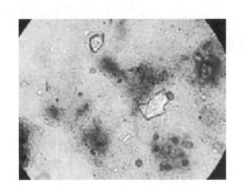

图 1-4-4　菌胶团周围的无机颗粒

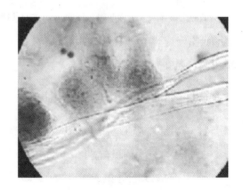

图 1-4-5　菌胶团周围的非生物有机颗粒

⑤ 指示性微生物　借助于活性污泥中常见的微生物如纤毛虫、鞭毛虫、钟虫、轮虫等指示性微生物，可判断水质情况（图 1-4-6）。纤毛虫、鞭毛虫大量存在表示水质净化不够充分，钟虫、轮虫出现表示水质净化较好。

2. 污泥沉降比 SV％和污泥体积指数 SVI 的测定

（1）污泥沉降比 SV％的测定

SV％是指在曝气池中取混合液 100 mL 置于 100 mL 的量筒中，放在静止处，观察

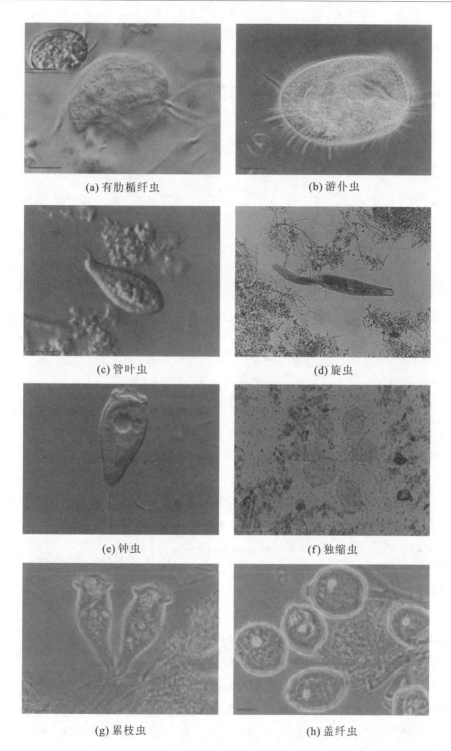

(a) 有肋楯纤虫

(b) 游仆虫

(c) 管叶虫

(d) 旋虫

(e) 钟虫

(f) 独缩虫

(g) 累枝虫

(h) 盖纤虫

图 1-4-6　生活污泥中的原生动物图谱

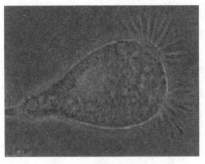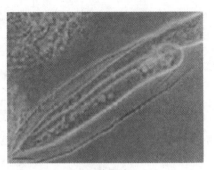

(i) 吸管虫　　　　　　　　　　　(j) 鞘居虫

续图 1-4-6

活性污泥絮凝和沉淀的过程和特点,并且在第 1 min、3 min、5 min、10 min、15 min、20 min、30 min 分别记录污泥界面以下的污泥容积。第 30 min 的污泥容积(mL)在数值上即为污泥沉降比 SV%。

(2) 污泥浓度 MLSS 的测定

MLSS 是单位体积的曝气池混合液中所含污泥的干重,实际上是指混合悬浮固体的数量,单位是 g/L。测定方法如下。

① 将滤纸放在 105 ℃ 的烘箱中干燥至恒重,称量并记录 W_1。

② 将测定沉降比的 100 mL 量筒内的污泥全部倒入布氏漏斗中,过滤(用水冲洗量筒,并将水倒入漏斗)。

③ 将载有污泥的滤纸移入烘箱中干燥至恒重,称量并记录 W_2。

(3) 污泥体积指数 SVI 的测定

SVI 是污泥体积指数的全称,简称 SI,是指曝气池混合液经过 30 min 静沉淀后,1 g 干泥所占的容积,单位为 mL/g。它与 SV%、MLSS 的关系为

$$SVI = SV\% \times 10(mL/L)/MLSS(g/L) \tag{1-4-1}$$

(三) 处理工艺的运行控制与监测

1. 设备运行控制,设置五个阶段的运行时间

第一阶段　进水自动控制:流入时间约 1 h。

第二阶段　厌氧搅拌时间控制:厌氧时间为 1.5~2.5 h。

第三阶段　曝气时间控制:可根据需要任意设置(科研需要时设置 4~8 h)。

第四阶段　滗水时间控制:根据需要滗去多少上清液而设置。

第五阶段　闲置时间控制(活性搅拌时间控制):在 SBR 的闲置期,开启搅拌器对活性污泥进行搅拌和活化,一般为 20~60 min。

2．工艺参数的控制

（1）污泥负荷（COD/（kg（MLSS）• d））　污泥负荷是活性污泥生物处理系统在设计及运行上的一项最重要的参数，又称 COD-SS 负荷率，表示曝气池内单位质量（kg）的活性污泥在单位时间（d）内能够接受，并将其降解到预定程度的有机物量（COD），它是决定有机物降解速度、活性污泥增长速度及溶解氧被利用的重要因素，同时也对污泥凝聚、吸附性能产生影响。污泥负荷的计算公式如下：

$$F/M = N_s = QS_a/XV \tag{1-4-2}$$

式中：N_s——污泥负荷；

　　F——有机物量；

　　M——微生物量；

　　Q——污水流量；

　　S_a——原污水中有机物浓度；

　　X——混合液悬浮浓度（MLSS）；

　　V——曝气池有效容积。

污泥负荷有很高的工程应用价值，在工艺、经济角度有重要意义。一般实验控制在 $0.1 \sim 0.4$ kg COD/（kg（MLSS）• d）。

（2）污泥龄　曝气池内活性污泥总量与每日排放污泥量之比。它表示活性污泥在曝气池内的平均停留时间，也称生物固体平均停留时间。由下式计算：

$$\theta_c = VX/(Q_w X_r + (Q - Q_w)X_e) \tag{1-4-3}$$

式中：θ_c——污泥龄（d）；

　　V——曝气池容积；

　　X——曝气池内污泥浓度；

　　Q_w——剩余污泥排放量；

　　X_r——剩余污泥浓度；

　　Q——污水量；

　　X_e——排放处理水中的悬浮固体浓度。

由于 X_e 很低，因此 $\theta_c \approx VX/Q_w X_r$。实验中，污泥龄 θ_c 控制在 $2 \sim 10$ d。

（3）溶解氧是好氧微生物维持生命的必需物质。在活性污泥净化反应中，必须提供足够的溶解氧，否则微生物生理活动和处理进程都要受到影响。经验表明溶解氧不宜低于 2 mg/L，但是也不宜过高，否则会使活性污泥易于老化，另外，提供高的溶解氧浓度也不经济。实验溶解氧一般控制在 $1.0 \sim 2.5$ mg/L。

（4）监测 SBR 反应器中的溶解氧，pH 值，进、出水 COD。

（5）膜的清洗

① 当出水流量出现明显下降时，可将出水管连接城市自来水管，用自来水反向冲洗膜组件，持续时间约 2 min。

② 当步骤①冲洗效果不明显时，关闭膜组件的出水手动阀门，取下和该阀门连

接的活动软管,整体取出膜组件。首先用自来水冲洗该组件中空纤维膜上缠绕的污泥,洗干净后将膜组件放入 2.5% NaClO+1% NaOH 溶液中浸泡,持续时间 8 h,取出后用自来水冲洗,再放入 1% 硫酸溶液内浸泡,持续时间 8 h,取出后用自来水冲洗。将膜组件同活动软管接上,再将膜组件和活动软管重新放入有机玻璃池体内,重新启动投入运行。

注意:装有膜组件的反应池应保持水能淹没膜组件,避免膜因为干燥而损坏。

五、实验结果记录与数据整理

1. SBR 运行水质

测定 SBR 及 SBR+MBR 工艺运行过程中的水质参数,结果记录于表 1-4-2、表 1-4-3 中。

表 1-4-2　测定数据记录

DO/(mg/L)	pH 值	进水 COD/(mg/L)	出水 COD/(mg/L)	污染物去除率/(%)

表 1-4-3　SBR+MBR 实验数据

序号	进水 COD/(mg/L)	出水 COD/(mg/L)	出水指示性微生物类型

2. 活性污泥性能分析

测定活性污泥沉淀曲线,结果填入表 1-4-4 中,并按照实验方法测定污泥质量,计算污泥体积指数,结果填入表 1-4-5 中。

表 1-4-4　沉淀中体积的变化

沉淀时间/min	3	5	10	15	20	30
污泥体积						

表 1-4-5　活性污泥性能测定表

项目	W_1/mg	W_2/mg	(W_2-W_1)/mg	SV%	MLSS/(mg/L)	SVI
1						
2						
平均值						

注:$MLSS(mg/L)=(W_2-W_1)/V$。

六、注 意 事 项

（1）程序控制器若长时间不用，则内部会断电，不能正常工作。此时，按一下复位按钮，并将电源插上后，能正常使用。

（2）对间歇出水控制器进行设定时，须关闭电源，再设定时间，最后再打开电源。这样才会记住设定的时间，否则会按原来设定的时间运行。

（3）实验时，须先将生物膜片浸没，不能接触空气，否则不能正常抽水。

（4）膜片必须保持湿润，不能使其干燥。

（5）本实验前期准备实验时间较长，实验内容较多，根据实验学时的具体安排，要求各组学生进行合理分工，实验时可选做部分或全部内容。

（6）本实验采用间歇式活性污泥法（SBR）＋膜生物反应器（MBR）工艺处理生活污水，SBR 可以独立运行，也可以通过膜反应器代替沉淀池进行组合运行。

七、思 考 题

（1）污泥沉降比和污泥体积指数二者有什么区别和联系？

（2）活性污泥的絮凝沉淀有什么特点和规律？

实验五　UASB 处理高浓度有机废水实验

一、实 验 目 的

（1）熟悉 UASB 反应器的构造，特别是三相分离器的构造。

（2）巩固对厌氧生物处理原理及特点的理解。

（3）掌握利用 UASB 反应器处理高浓度有机污水的实验方案设计和实验方法。

（4）掌握 UASB 反应器处理废水的启动方法。

二、实 验 原 理

厌氧生物处理过程又称厌氧消化，是在厌氧条件下由活性污泥中的多种微生物共同作用，使有机物分解并生成 CH_4 和 CO_2 的过程。厌氧生物处理技术不仅用于有机污泥、高浓度有机废水，而且还能够处理低浓度污水。与好氧生物处理技术相比较，厌氧生物处理具有有机物负荷高、污泥产量低、能耗低等一系列明显的优点。

1979年布利安特(Bryant)等人提出了厌氧消化的三阶段理论:①水解、发酵;②产氢、产乙酸(酸化);③产甲烷。

第一阶段,称为水解、发酵阶段,复杂有机物在微生物作用下进行水解和发酵。例如,多糖先水解为单糖,再通过醇解途径进一步发酵成乙醇和脂肪酸,如丙酸、丁酸、乳酸等;蛋白质则先水解为氨基酸,再经脱氨基作用产生脂肪酸和氨。

第二阶段,称为产氢、产乙酸阶段,是由一类专门的细菌,称为产氢产乙酸菌,将丙酸、丁酸等脂肪酸和乙醇等转化为乙酸、H_2 和 CO_2。

第三阶段,称为产甲烷阶段,是由产甲烷细菌利用乙酸和 H_2、CO_2,产生 CH_4。研究表明,厌氧生物处理过程中约有 70% CH_4 产自乙酸的分解,其余少量则产自 H_2 和 CO_2 的合成。

至今,三阶段理论已被公认为是对厌氧生物处理过程较全面和较准确的描述。升流式厌氧污泥床(UASB)是厌氧生物处理的一种主要构筑物,它集厌氧生物反应与沉淀分离于一体,有机负荷和去除效率高,不需要搅拌设备。

UASB的构造如图1-5-1所示,废水自下而上通过污泥床。在底部有一个高浓度、高活性的污泥层,大部分的有机物在这里转化为 CH_4 和 CO_2。由于产生污泥消化气的结果,在污泥层的上部可形成一个污泥悬浮层。反应器的上部为澄清区,设有三相分离器,完成沼气、污水、污泥三相的分离。被分离的消化气从上部导出,被分离的污泥则自动落到下部反应区。

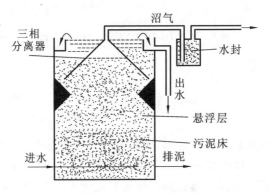

图 1-5-1　UASB 装置示意图

整个UASB由污泥反应区、气液固三相分离器(包括沉淀区)和气室三部分组成。在底部反应区内存留大量厌氧污泥,具有良好的沉淀性能和凝聚性能的污泥在下部形成污泥层。要处理的污水从厌氧污泥床底部流入,与污泥层中污泥进行混合接触,污泥中的微生物分解污水中的有机物,把它转化为沼气。沼气以微小气泡形式不断放出,微小气泡在上升过程中,不断合并,逐渐形成较大的气泡,在污泥床上部由于沼气的搅动,使得浓度较稀薄的污泥和水一起上升进入三相分离器,沼气碰到分离器下部的反射板时,折向反射板的四周,然后穿过水层进入气室。集中在气室的沼气,用导管导出,固液混合物经过反射进入三相分离器的沉淀区,污水中的污泥发生絮凝,颗粒逐渐增大,并在重力作用下沉降。沉淀至斜壁上的污泥沿着斜壁滑回厌氧反应区内,使反应区内积累大量的污泥,与污泥分离后的处理出水从沉淀区溢流堰上部溢出,然后排出污泥床。

三、实验仪器及材料

1. 实验仪器

(1) UASB 反应装置 1 套。设备本体由水箱、UASB 反应器、水浴等组成。反应器主体为不锈钢反应器。下部为双层圆柱体,外层为保温柱。上部为三相分离器。柱体上有进水阀、排泥阀、出水阀和气阀等。

(2) COD 测定仪。

(3) 烘箱。

(4) 分析天平。

(5) 马弗炉。

(6) 台秤。

(7) 坩埚。

(8) 漏斗、漏斗架、100 mL 量筒、250 mL 烧杯等。

2. 实验废水

厌氧生物处理的模拟废水水质如表 1-5-1 所示(COD 约为 2000 mg/L)。

表 1-5-1　实验所需营养物一览表

序　号	营　养　物	品　级	加　入　量
1	葡萄糖	食用级	60 g
2	蛋白胨	CP	2 g
3	牛肉膏	CP	2.4 g
4	$(NH_4)_2CO_3$	CP	1.2 g
5	$NaHCO_3$	CP	20 g
6	KH_2PO_4	CP	1.2 g
7	尿素	CP	1.2 g
8	$MgSO_4$	CP	0.24 g
9	$CaCl_2$	CP	0.12 g
10	$FeSO_4 \cdot 6H_2O$	CP	0.1 g
11	水	—	25 L

四、实验内容与步骤

（1）设计 UASB 反应器处理高浓度有机废水的启动方案，包括提高有机负荷的方式、接种污泥的来源及浓度、污泥和水力停留时间、进水 pH 值等。一般取城市污水处理厂成熟的消化污泥，接种污泥浓度为 3～7 g/L，以 UASB 反应器体积确定投入污泥量。密闭消化反应系统，放置一天，以便兼性细菌消耗反应器内的氧气。

（2）实验方案

① 第一组任务

启动：初始进水浓度 COD 控制在 2000～3000 mg/L，污水连续进水。每隔 12 h 测定进水和出水 COD、pH 值、产气量，每隔 1 d 测定进水和出水氨氮的量。当进水浓度达到 2000 mg/L 左右，且去除率达到 90% 左右时，即完成启动。

运行：运行时，仍然控制进水浓度 COD 在 2000 mg/L 左右，污水连续进水。每隔 12 h 测定进水和出水 COD、pH 值、产气量，每隔 1 d 测定进水和出水氨氮的量和 pH 值。每隔 2 d 在反应器中部取样，测 TSS。

② 第二至四组任务

提高负荷：在第一组完成启动的基础上即进水 COD 达到 2000 mg/L 时，第二组到第四组分别以 3000 mg/L、4000 mg/L、5000 mg/L 的 COD 浓度提高进水浓度。探求 COD 去除率达到 80%～90% 的时间。在整个过程中，每隔 12 h 测定进水和出水 COD、pH 值、产气量，每隔 1 d 测定进水和出水氨氮的量和 pH 值，并每天从反应器中部取样口取样，测 TSS。

五、注 意 事 项

（1）对启动初期的目标应明确。初期的目标是使反应器进入"工作"状态，即菌种的活化过程，因而不能有较大的负荷，启动开始时污泥负荷应低于 0.1 kg COD/(kg(TSS)·d)。对于本实验，控制进水 COD 不超过 3000 mg/L。

（2）采用负荷逐步增加的操作方法，可通过增大或降低进液稀释比的方法进行。启动时乙酸浓度应控制在 1000 mg/L 以下，若废水中原有的或发酵过程中产生的各种挥发性有机酸浓度较高时，不应提高有机物容积负荷率。只有当可降解的 COD 去除率达到 80% 左右时，才能逐渐增加有机物容积负荷率。

（3）二次启动的初始反应器负荷可以较高，进液浓度在开始时一般可与初次启动相当，但可以迅速地增大进液浓度，负荷与浓度增加的模式与初次启动类似，但相对容易。

六、实验结果记录与数据处理

(1)实验操作参数

① 实验开始和结束日期:_____月_____日—_____月_____日;

② UASB 反应器容积:_____ L;

③ 实验温度:平均_____ ℃;

④ 进水量:_____ L/h;

⑤ 进水容积负荷:_____ m^3/d 。

(2)氨氮标准曲线数据记录,填写表 1-5-2,并绘制标准曲线。

表 1-5-2　氨氮标准曲线数据记录

标准试剂取样体积 V						
浓度 c						
吸光度 A						

(3)启动期和运行期水质参数记录,结果填入表 1-5-3 中。

表 1-5-3　启动期及运行期水质参数记录表

序号	COD 初始浓度	时段	产气量	pH 值	氨氮量	TSS
1						
2						
3						
4						
⋮						

(4)绘制启动期及高负荷运行期水质指标 COD、氨氮量、pH 值、产气量、TSS 随时间的变化曲线并进行数据分析找出 COD 去除率达到 $80\%\sim90\%$的时间。

七、思　考　题

(1)试说明三相分离器的作用。

(2)试说明好氧处理法与厌氧处理法各有什么特点。

实验六　废水处理组合流程设计实验

一、实 验 目 的

（1）中和-混凝沉淀与活性污泥法是目前废水处理应用较多的工艺之一，它们的创新和发展，随应用的日趋广泛而日新月异，因此对其基本原理的掌握和新技术发展的了解十分必要。开设该实验的目的是加强对其基本原理的掌握与主要工艺过程的了解。

（2）通过实验，掌握中和-混凝沉淀过程，废水中溶解性金属离子中和、水解、沉淀的基本规律，了解工艺流程、主要设备结构、过程控制参数与技术经济指标；掌握活性污泥法中污染物的降解和微生物的增长递变规律、氧的供给与消耗之间的关系，了解工艺流程、主要设备结构、过程控制参数与技术经济指标。

（3）通过实验，使理论与实践相结合，在提高实际动手能力的同时，进一步巩固所学基础理论知识。掌握中和-混凝沉淀与活性污泥法运行操作中主要参数的控制与有关指标的测定。

（4）通过制订实验计划和实验操作程序，加强实验研究能力、理论知识的应用能力、团结协作能力，最终达到专业素质的综合提高。

二、实验设计内容

（一）实验设计课题

1. 中和-混凝沉淀工艺条件实验

实验采用装置：磁力搅拌器、250～300 mL 烧杯与监测分析设备等。

实验以铜冶炼厂酸性废水为处理对象，探讨中和-混凝沉淀净化该废水的工艺条件与效果。

2. 多功能实验生化污水处理系统连续闭路运行及有关参数测定实验

实验可选用装置：①多功能多阶完全混合式实验污水生化处理系统；②多功能氧化沟式实验污水生化处理系统。

实验选取学校生活废水为处理对象，探讨生化处理的工艺条件与效果。

(二) 实验设计基本内容

1. 中和-混凝沉淀工艺条件实验

(1) 基本流程

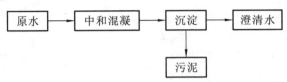

(2) 实验程序与工艺条件的选择

① 原废水水质测定:测定水质指标为 pH 值、Cu、Pb、Zn、As、SO_4^{2-}、浊度等,每个小组测定指标除 pH 值与浊度外,另选一至二项,最后由指导教师认定。

② 选定中和剂与混凝剂,决定投加方式与投加量,并配制试剂,配制数量和浓度由各组计算选定后经教师认定。

③ 选择实验程序,并决定搅拌方式、搅拌时间、搅拌强度等控制参数,写成实验方案计划书,经教师认定后,按其进行实验。

2. 多功能实验生化污水处理系统连续闭路运行及有关参数测定实验

(1) 基本流程 A

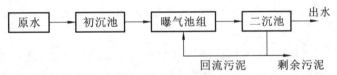

本流程采用多功能多阶完全混合式实验水处理系统。具体实验流程的确定由各组自己设计运行流程,可在 1 阶到 4 阶之间选择。运行过程控制主要是系统的 DO 值和污泥浓度(以沉降比表示)。对传统好氧活性污泥法,所有曝气池的 DO 值都控制在 2～4 mg/L 之间;对厌氧-好氧工艺(A-O 法),厌氧池的 DO 值控制在小于 0.5 mg/L,好氧池的 DO 值控制在大于 2 mg/L。具体控制指标由各组选定后,经教师确定再进行实验。

(2) 基本流程 B

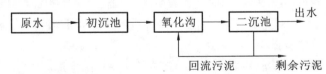

本流程采用 KL-1 型氧化沟式实验污水处理系统。主要运行指标是控制系统的 DO 值和污泥浓度(以沉降比表示)。

① 传统好氧工艺,三台曝气机的 DO 值控制在 4～6 mg/L。

② 缺氧-好氧工艺(A-O 法)。第一台曝气机的 DO 值为 0.5～2 mg/L,后两台

曝气机的 DO 值为 4～6 mg/L。具体流程工艺条件由各组讨论决定。

（3）过程控制参数与测定

① 溶解氧（DO 值），是过程的主要控制参数之一，其测定方法有两种：DO 测定仪；叠氮化钠修正法。

② COD 的测定采用快速测定法。

③ TN 采用过硫酸钾紫外分光光度法。

④ TP 采用钼锑抗分光光度法。

⑤ 污泥沉降比（以 100 mL 量筒测定）。

⑥ 浊度采用浊度计测定。

三、实 验 安 排

由于实验需要较长连续运行时间，拟将全班分为四个大组，连续进行，实验采取分组平行交换进行，具体安排如下。

（一）实验准备

准备时间安排在实验前 1 周，主要完成以下几项工作：

（1）每班分为四个大组，每个大组又分为四个小组，大、小组长各定一人，要求切实认真负责。

（2）准备工作中要求认真阅读指导书和有关分析测试方法，通过讨论制订各组的实验方案及计划，并报指导教师审核。其中一、二大组先开展中和-混凝沉淀工艺条件实验准备工作，在制订计划时，各组要协调所选中和剂、混凝剂与有关工艺参数尽可能不相重复，所测定的废水水质参数也不相重复，并互相选用；三、四大组则先开展多功能实验生化污水处理系统连续闭路运行及有关参数测定实验，其中三大组做氧化沟工艺，四大组做完全混合工艺，主要工作是培养和驯化生化污泥、测定原水水质，所测定的废水水质参数也不相重复，并互相选用。生化污泥的培养和驯化工作从实验前 1 周开始，由四个大组派人轮流进行，具体安排由指导教师协调。

（3）熟悉实验装置，按实验计划组装实验设备，并通过指导教师检查合格后才能运行。

（4）做好分析、测试准备工作，包括根据分析方法的要求，领取试剂与设备，并配制所需试剂，熟悉分析操作。

（5）分别准备两个实验所需的试剂和药品，如中和-混凝沉淀工艺条件实验的中和剂、混凝剂制备与配制，其中和剂可选用 $NaOH$、$Ca(OH)_2$，混凝剂可选用 $Fe_2(SO_4)_3$、$Al_2(SO_4)_3$、$Al_n(OH)_mCl_{3n-m}$；多功能实验生化污水处理系统连续闭路运行及有关参数测定实验所需的活性污泥培养与驯化，曝气池中的污泥浓度为 3000～4000 mg/L，活性污泥浓度决定了所需的活性污泥量。为做好实验应尽可能提高污泥浓度。

（二）实验安排与步骤

1．中和-混凝沉淀工艺条件实验

在完成配制废水水质测定的基础上，按所制订的混凝工艺实验计划，各组开始实验。各组所制订的混凝工艺实验计划原则上不相重复，但最终结果和有关参数要互相交流，并反映到实验报告中。

2．多功能实验生化污水处理系统连续闭路运行及有关参数测定实验

（1）在准备过程中，经培养驯化，使污泥浓度达到 3000～4000 mg/L，并测定废水的 COD、TN 和 TP 等值，作为实验的基础。

（2）当处理系统配置合理，所有准备工作就绪，原水的 COD、TP、TN、DO 等值已测定时，即可开始系统连续运行实验，并按计划通过测定 DO，调整曝气强度，使之达到要求。

（3）连续运行实验时间尽可能不少于 48 h，并要求记录全部运行过程及定时监测数据，具体实验方案与计划安排由各组讨论提出，经教师审核后执行。

四、实验总结与实验报告

（1）实验完成后由各组组织总结、分析监测的有关数据，进行数据处理与运算，讨论过程的影响因素。

（2）由各人撰写包括实验目的意义、实验原理方法、装置与运行、分析监测数据以及处理结果分析与讨论等的实验报告。

（3）实验报告于实验完成后一周内交。

本部分参考文献

[1] 高廷耀,顾国维,周琪. 水污染控制工程[M].4 版.北京:高等教育出版社,2015.

[2] 戴树桂. 环境化学[M].2 版.北京:高等教育出版社,2015.

[3] 全燮. 环境科学与工程实验教程[M]. 大连:大连理工大学出版社,2007.

[4] 施悦,李永峰,李宁,等.活性污泥生物相显微观察[M]. 哈尔滨:哈尔滨工业大学出版社,2014.

[5] 章非娟. 水污染控制工程实验[M]. 北京:高等教育出版社,1988.

[6] 张自杰. 环境工程手册(水污染防治卷)[M].北京:高等教育出版社,1996.

[7] 国家环境保护总局. 水和废水监测分析方法[M]. 北京:中国环境科学出版社,1989.

第二部分　大气污染控制工程综合实验

实验一　烟气采样实验

一、实 验 目 的

烟气的主要组成包括气体混合物(空气和气体污染物),以及气体中的悬浮颗粒(固体颗粒物、液滴/液雾等)。温度、湿度、压力、流速等环境参数也会对烟气中的各种物质组成产生一定的影响,为获得烟气中各物理参数具有代表性的精确值,必须选用科学的烟气采样方法,从而为后续的实验测试、数据分析等提供有效的基础数据。通过该实验应达到以下目的:

(1)掌握烟气中颗粒物的采样原理和方法;

(2)掌握烟气中气态污染物的采样原理和方法;

(3)掌握烟气中水分含量的采样原理和方法。

二、烟气中颗粒物采样实验

(一) 实验原理

烟气采样应在实验设备处于正常运行状态下进行,或根据有关污染物排放标准的要求,在所规定的工况条件下测定。

采样位置应优先选择在垂直管段,实验室采样也可以选用水平管段。由于烟气的流动受烟道的影响较大,因此采样点应避开涡流区、弯头和变径等引起速度急剧变化的区域。采样位置应设置在距弯头、阀门、变径管下游方向不小于 6 倍直径和距上述部件上游方向不小于 3 倍直径处。从安全的角度考虑,采样位置应避开对测试人员操作有危险的场所;为防止有毒有害气体的外溢,对正压下输送高温或有毒气体的烟道应采用带有闸板阀的密封采样孔。

将烟尘采样管由采样孔插入烟道中,使采样嘴置于测点上,正对气流,按颗粒物等速采样:采样嘴的吸气速度与测点处气流速度相等(其相对误差应在 10% 以内),抽取一定量的含尘气体。根据采样管滤筒上所捕集到的颗粒物的量和同时抽取的气体量,计算出烟气中颗粒物的浓度。

　　因此采样前需要预先测出各采样点处的排气温度、压力、水分含量和气流速度等参数,结合所选用的采样嘴直径,计算出等速采样条件下各采样点所需的采样流量,然后按该流量在各测点采样。

(二)颗粒物等速采样实验仪器设备

　　维持颗粒物等速采样的方法有普通型采样管法(即预测流速法)、皮托管平行测速采样法、动压平衡型采样管法和静压平衡型采样管法等四种。可根据不同测量对象状况,选用其中的一种方法。

　　其中:普通型采样管采样装置如图 2-1-1 所示,它由普通型采样管、颗粒物捕集器、冷凝器、干燥器、流量计量和控制装置、抽气泵等组成。当排气中含有二氧化硫等腐蚀性气体时,在采样管出口还应设置腐蚀性气体的净化装置。

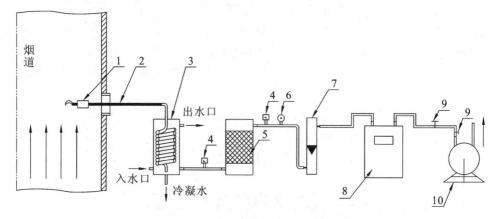

图 2-1-1　普通型采样管采样装置

1—滤筒;2—采样管;3—冷凝器;4—温度计;5—干燥器;6—真空泵;
7—转子流量计;8—累计流量计;9—调节阀;10—抽气泵

(三)实验方法与操作步骤

1. 采样准备

　　(1)仪器检查:检查所有的测试仪器功能是否正常。

　　(2)滤筒处理和称重:用铅笔将滤筒编号,在 105～110 ℃的烘箱中烘烤 1 h,取出放入干燥器中冷却至室温,用精度不大于 0.1 mg 的天平称量,两次重量之差应不超过 0.5 mg。当滤筒在 400 ℃以上高温烟气中使用时,为了减少滤筒本身的减重,应预先在 400 ℃的高温箱中烘烤 1 h,然后放入干燥器中冷却至室温,称量至恒重,放入专用的容器中保存。

　　(3)预处理:测定排气温度和流速。根据测得的烟气温度和采样点的流速,结合选用的采样嘴直径,计算出采样点的等速采样流量。

2. 采样步骤

（1）记下滤筒编号，将滤筒装入采样管，用滤筒压盖或滤筒托将滤筒进口压紧。

（2）装上所选定的采样嘴，开动抽气泵调整流量至所需的等速采样流量，关闭抽气泵。

（3）将采样管插入烟道采样点处，将采样孔封闭，使采样嘴对准气流方向（其与气流方向偏差不得大于10°），然后开动抽气泵，并迅速调整流量到采样流量。采样期间，由于颗粒物在滤筒上逐渐聚集，阻力会逐渐增加，应随时调节控制阀以保持等速采样流量，并记下流量计前的温度、压力和该点的采样延续时间。

（4）采样结束后，关闭抽气泵，小心地从烟道取出采样管，注意不要倒置。记录累积流量计终读数。

（5）用镊子将滤筒取出，轻轻敲打前弯管，并用细毛刷将附着在前弯管内的尘粒刷到滤筒中，将滤筒用纸包好，放入专用盒中保存。

（6）每次采样，至少采取三个样品，取其平均值。

（四）实验结果记录与分析整理

1. 数据记录

将颗粒物采样实验的结果填入表 2-1-1 中。

表 2-1-1　颗粒物测试数据记录表

采样编号	采样嘴直径/mm	采样流量/(L·min^{-1})	采样时间/min	采样体积/L	滤膜编号	滤膜初重/mg	滤筒终重/mg	浓度/(mg·m^{-3})
1								
2								
3								
⋮								

2. 数据处理

（1）将采样体积换算成标准状态下的体积

$$V_{标} = \frac{V_{实} \times P_{实} \times T_{标}}{P_{标} \times T_{实}} \tag{2-1-1}$$

大气污染物测定中的标准状态：温度为 273 K，压力为 101300 Pa。

（2）烟气中颗粒物浓度（c）的计算

$$c = 1000 \times \frac{m_2 - m_1}{v \times t} \tag{2-1-2}$$

式中：m_1 和 m_2——采样前后滤膜的质量，mg；

　　　v——采样流量，L/min；

　　　t——采样时间，min。

三、烟气中气态污染物采样实验

（一）实验原理

由于气态污染物在采样断面内一般是混合均匀的，可取靠近烟道中心的一点作为采样点。

通过抽气泵从烟道内抽取烟气，采样烟气通过采样管进入装有吸收液的吸收瓶，样品溶液经化学分析得出污染物的含量。

（二）烟气中气态污染物采样实验仪器设备

根据测试分析方法不同，烟气中气态污染物采样分为化学法和仪器直接测试法。化学法烟气采样装置如图 2-1-2 所示，它由采样管、连接导管、吸收瓶、流量计和抽气泵等组成。

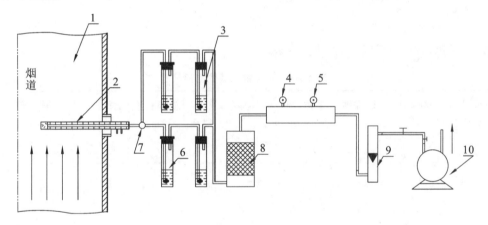

图 2-1-2　化学法烟气采样装置

1—烟道；2—加热采样管；3—旁路吸收瓶；4—温度计；5—真空压力表；6—吸收瓶；

7—三通阀；8—干燥器；9—流量计；10—抽气泵

（三）实验方法与操作步骤

1. 采样准备

（1）仪器检查：检查所有的测试仪器功能是否正常。

（2）清洗采样管：使用前清洗采样管内部，更换滤料，干燥后再用。

（3）根据被测气体污染物的理化特性选取对应的吸收液。

（4）将吸收瓶和吸收液，按实验室化学分析操作要求进行准备，并用记号笔记上顺序号。

（5）采样管插入烟道近中心位置，进口与排气流动方向成直角。用连接管将采样管、吸收瓶和抽气泵连接，连接管应尽可能短。

2．采样步骤

（1）预热采样管：打开采样管加热电源，将采样管加热到所需温度。

（2）置换吸收瓶前采样管路内的空气：正式采样前令排气通过旁路吸收瓶，采样 5 min，将吸收瓶前管路内的空气置换干净。

（3）采样：接通采样管路，调节采样流量至所需流量，采样期间应保持流量恒定，波动应不大于 10%。采样时间视被测污染物浓度而定，但每个样品采样时间一般不少于 10 min。

（4）采样结束：切断采样管至吸收瓶之间气路，防止烟道负压将吸收液与空气压入采样管。

（5）每次采样，至少采取三个样品，取其平均值。

（6）化学分析：通过化学方法分析出吸收瓶中所测量气体污染物的质量。

（四）实验结果记录与分析整理

1．数据记录

将气体污染物采样实验的结果填入表 2-1-2 中。

表 2-1-2　气体污染物测试数据记录表

采样编号	采样流量/(L·h⁻¹)	采样时间/min	采样体积/L	吸收瓶编号	吸收质量/mg	污染物浓度/(mg·m⁻³)
1						
2						
3						
⋮						

2．数据处理

（1）将采样体积换算成标准状态下的体积

$$V_{标}=\frac{V_{实}\times P_{实}\times T_{标}}{P_{标}\times T_{实}} \tag{2-1-3}$$

（2）烟气中气体污染物浓度（c）的计算

$$c=1000\times\frac{m}{v\times t} \tag{2-1-4}$$

式中：m——吸收瓶内被测气体污染物的吸收质量，mg；

　　　v——采样流量，L/min；

　　　t——采样时间，min。

四、烟气中水分含量采样实验

(一)实验原理

如果空气中水蒸气量没达到饱和状态,湿球的表面便不断地蒸发水汽,并吸取汽化热,因此湿球所示的温度比干球要低。空气越干燥,蒸发越快,湿度越低,与干球间的温差越大。相反,当空气中的水蒸气量呈饱和状态时,水便不再蒸发,也不吸取汽化热,湿球和干球所示的温度相同。因此,当烟气在一定的速度下流经干、湿球温度计时,根据干、湿球温度计的读数和测点处烟气的压力,计算出烟气的水分含量。

(二)水分含量采样实验仪器设备

烟气中水分含量的测量方法包括冷凝法、干湿球法或重量法等,其中干湿球法测定烟气水分含量采样装置如图 2-1-3 所示,它包括干球温度计、湿球温度计和抽气泵等部件。

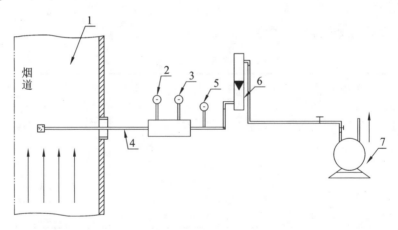

图 2-1-3　干湿球法水分含量采样装置

1—烟道;2—干球温度计;3—湿球温度计;4—保温采样管;5—真空压力表;6—转子流量计;7—抽气泵

(三)实验内容与步骤

1. 采样准备

(1)仪器检查:检查所有的测试仪器功能是否正常。

(2)清洗采样管:使用前清洗采样管内部。

(3)采样管插入烟道近中心位置,进口与排气流动方向成直角。

2. 采样步骤

（1）预热采样管：当排气温度较低或水分含量较高时，采样管应保温或加热数分钟后，再开动抽气泵，以 15 L/min 的流量抽气。

（2）当干、湿球温度计温度稳定后，分别记录干球温度和湿球温度。

（3）记录真空压力表的压力。

（4）每次采样，至少采取三个样品，取其平均值。

（四）实验结果记录与分析整理

1. 数据记录

将烟气水分采样实验的结果填入表 2-1-3 中。

表 2-1-3　水分含量测试数据记录表

采样编号	采样流量 /(m³·h⁻¹)	采样时间 /min	采样体积 /L	干球温度 /℃	湿球温度 /℃	采样压力 /Pa	水分含量 /(%)
1							
2							
3							
⋮							

2. 数据处理

（1）烟气中水分含量（X，体积浓度）的计算方法：

$$X = \frac{P_{bv} - 0.00067(t_1 - t_2)(P_0 + P_b)}{B + P_a}\tag{2-1-5}$$

式中：t_1，t_2——分别为干球温度和湿球温度，℃；

　　　P_0——大气压力，Pa；

　　　P_b——采样管内压力，Pa；

　　　P_a——采样点静压，Pa；

　　　P_{bv}——湿球温度对应的饱和蒸气压，Pa。

（2）烟气中水分含量（X，体积浓度）的查表法

根据所测得的干球温度、湿球温度查"湿空气焓湿图/表"，可以直接得到烟气中的水分含量。

五、思　考　题

（1）采样孔的选取有哪些注意事项？

（2）气体粉尘采样为什么要进行等速采样？

（3）简述干、湿球温度计的工作原理。

实验二　烟气除尘实验

一、实验目的

静电除尘是工业中应用较为广泛的一种高效烟气净化技术，其总效率一般可达99％以上。烟气中颗粒物的粒径、粉尘的比电阻、电场风速、电极结构等均对静电除尘器的收尘性能有较大的影响。通过该实验应达到以下目的：

（1）了解静电除尘器收尘性能的影响因素；

（2）巩固烟气中颗粒物采样原理和方法。

二、粉尘粒径测试实验

（一）实验原理

激光粒度仪是通过颗粒的衍射或散射光的空间分布（散射谱）来分析颗粒大小的仪器，采用 Furanhofer 衍射及 Mie 散射理论，如图 2-2-1 所示。由于激光具有很好的单色性和极强的方向性，所以一束平行的激光在没有阻碍的无限空间中将会照射到无限远的地方，并且在传播过程中很少有发散现象。当光束遇到颗粒阻挡时，一部分光将发生散射现象。散射光的传播方向将与主光束的传播方向形成一个夹角 θ。散射理论和实验结果告诉我们，散射角 θ 的大小与颗粒的大小有关，颗粒越大，产生的散射角 θ 就越小；颗粒越小，产生的散射角 θ 就越大。散射光的强度代表该粒径颗粒的数量。

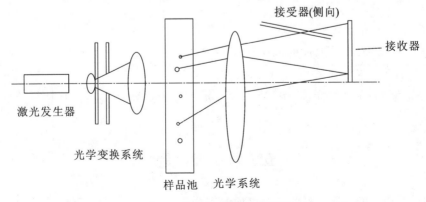

图 2-2-1　激光粒度仪测试原理图

在光束中的适当位置上放置一个富氏透镜,在富氏透镜的后焦平面上放置一组多元光电探测器,不同角度的散射光通过富氏透镜照射到多元光电探测器上时,光信号将被转换成电信号并传输到电脑中,通过专用软件对这些信号进行数字信号处理,即可准确地得到粒度分布。

(二) 粉尘粒径测试实验仪器设备

激光粒度仪,包含颗粒图像处理仪、计算机和打印机等配件。

(三) 实验方法与操作步骤

1. 实验准备
(1) 仪器检查:检查所有的测试仪器功能是否正常。
(2) 粉尘编号:对多组测试粉尘进行编号。

2. 采样步骤
(1) 打开电脑中"激光粒度分析仪采样软件",根据测试粉尘选择软件库内对应的测量物质,若软件库内无该测试物质则需手动设置测试粉尘的光学参数;选用默认测试参数,若有特殊要求可手动设置测试参数。
(2) 放入适量的测试样品在测试小室中。
(3) 点击软件中"开始"按键,仪器自动完成对中、调零和测试。
(4) 将测试结果保存在计算机内,若有需要通过联机的打印机打印出。
(5) 每次采样,至少采取三个样品,取其平均值。

(四) 实验结果记录与分析整理

实验数据自动录入计算机,根据计算机记录的数据进行数据整理,计算测试颗粒群的粒度分布,绘出其粒度分布表与粒度分布图。

三、粉尘比电阻测试实验

(一) 实验原理

粉尘的电阻乘以电流流过的横截面积并除以粉尘层厚度称为粉尘的比电阻,单位为 $\Omega \cdot cm$。简言之,面积为 $1 \ cm^2$、厚度为 $1 \ cm$ 的粉尘层的电阻值称为粉尘的比电阻,亦称电阻率。一般认为最适宜于电除尘器工作的比电阻范围为 $10^4 \sim 5 \times 10^{10} \ \Omega \cdot cm$。当粉尘比电阻太低时(低比电阻),粉尘到达收尘极板后很快释放出携带的电荷而成为中性,因而易于从收尘极板上脱落,重新进入气流,产生二次扬尘。当粉尘比电阻太高时(高比电阻),粉尘到达收尘极板表面后,粉尘的电荷不易释放而逐步富集于收尘极板表面,由于粉尘的电性仍保持为负极性,它排斥随后的粉尘黏附于其上;随着粉尘层的增厚,电场强度增加以致达到粉尘层内的空气击穿场强,从而产生反电晕。

根据欧姆定律,导体(粉尘)的电阻和所加的电压以及产生的电流之间存在以下关系:

$$R=\frac{U}{I} \tag{2-2-1}$$

粉尘比电阻为

$$\rho=\frac{U}{I}\times\frac{F}{H} \tag{2-2-2}$$

式中:F——粉尘层面积,cm^2;

　　H——粉尘层厚度,cm。

(二) 比电阻测试实验仪器设备

实验室测试粉尘比电阻在测试箱内完成,测试箱应能模拟烟气的排气工况。测试装置如图 2-2-2 所示,包括温度控制、湿度控制和高压电极等。

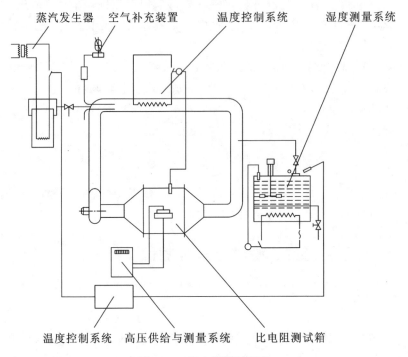

图 2-2-2　比电阻测试装置

(三) 实验方法与操作步骤

1. 实验准备

(1) 仪器检查:检查所有的测试仪器功能是否正常,高压电极应有良好的接地装置并与测试者保持足够的安全距离。

（2）粉尘编号：对多组测试粉尘进行编号。

2．采样步骤

（1）测试准备：将试样自然堆满至粉尘盘，用刮尺轻轻刮平。将粉尘盘放置在测试箱内：粉尘盘与测试箱内的负高压电极（阴极）接触良好，上电极（阳极）轻落至粉尘盘上，其陷入粉尘层的深度不得超过 0.5 mm，上电极接微电流测试仪后再接地。

（2）击穿电压测试：升温至 150 ℃ 或者 350 ℃，具体值根据经典除尘器设计温度条件而定。缓慢增加施加电压，保持电场强度以 2 kV·cm^{-1} 的增量逐一递增测定，直到粉尘层被击穿，记录各点电场强度对应的电流值、电压值。

（3）比电阻测试：取击穿电压的 90% 作为测试电压值。调节测试箱的温度和湿度到测试工况且稳定后，缓慢施加电压直到测试电压值，稳定 30 s 后读取电压值、电流值。

（4）每次测试结束后均应将高压电源关闭，待消除残余静电后，再更换测试粉尘进行下一组测试。

（5）每次采样，至少采取三个样品，取其平均值。

（四）实验结果记录与分析整理

1．数据记录

将粉尘击穿电压实验的结果填入表 2-2-1 中，比电阻测定的结果填入表 2-2-2 中。

表 2-2-1　击穿电压测试数据记录表

采样编号	电压/kV	电流/μA	温度/℃	表面积/cm^2	粉尘厚度/cm	电场强度/(kV·cm^{-1})
1						
2						
3						
⋮						

表 2-2-2　比电阻测试数据记录表

采样编号	电压/kV	电流/μA	温度/℃	表面积/cm^2	粉尘厚度/cm	电场强度/(kV·cm^{-1})	比电阻/(Ω·cm)
1							
2							
3							
⋮							

2. 数据处理

(1) 绘制比电阻与温度、湿度之间的关系曲线(ρ-t)。

(2) 绘制比电阻在特定温度、湿度下与电场强度的关系曲线(ρ-E)。

四、电极放电特性测试实验

(一) 实验原理

电极放电的工作原理是利用高压电场使烟气发生电离,气流中的粉尘粒子荷电在电场作用下与气流分离。负极一般由不同断面形状的金属导线(电晕线)制成;正极由不同几何形状的金属板(收尘极板)制成。

在曲率半径很小的尖端电极附近,由于局部电场强度超过气体的电离场强,使气体发生电离和激励,因而出现电晕放电。发生电晕时在电极周围可以看到光亮,并伴有咝咝声。若电压继续升高,电晕电流的脉冲频率增加,幅值增大,转变为负辉光放电。电压再升高,出现负流注放电,因其形状又称为羽状放电或刷状放电。当负流注放电得以继续发展到对面电极时,即导致火花放电,使整个间隙击穿。

根据欧姆定律,导体(空气)的电阻和所加的电压以及产生的电流之间存在以下关系:

$$R = \frac{U}{I} \tag{2-2-3}$$

(二) 放电特性测试实验仪器设备

放电特性测试实验仪器主要包括高压发生器和电极,其中高压发生器具有电流和电压指示功能;线-板电极至少包含 1 根电晕线和 1 块收尘极板,如图 2-2-3 所示。

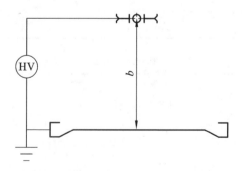

图 2-2-3　放电特性测试装置

（三）实验方法与操作步骤

1. 实验准备

① 仪器检查：检查所有的测试仪器功能是否正常，高压电极应有良好的接地装置并与测试者保持足够的安全距离。

② 电极编号：对多组测试电极进行编号，记录电晕线和收尘极板的形式。

2. 采样步骤

① 测试准备：将测试仪的负高压输出端与电晕线相连，另一端接地；将收尘极板接微电流测试仪后再接地，测量电晕线与收尘极板的垂直距离。

② 伏安特性测试：缓慢增加施加电压，保持电场强度 $2\ kV \cdot cm^{-1}$ 的增量逐一递增测定，直到电极空气层击穿，记录各点电场强度对应的电流值、电压值。

③ 每次测试结束后均应将高压电源关闭，待消除残余静电后，再更换测试粉尘进行下一组测试。

④ 每次测量，至少测量三次，取其平均值。

（四）实验结果记录与分析整理

1. 数据记录

将烟气放电的特性数据结果填入表 2-2-3 中。

表 2-2-3　放电特性测试数据记录表

采样编号	电压 /kV	电流 /μA	温度 /℃	湿度 /(%)	线板间距 /mm	电场强度 /(kV · cm^{-1})
1						
2						
3						
⋮						

2. 数据处理

（1）绘制特定线板间距下电极的伏安特性关系曲线（U-I）。

（2）改变线板间距，测定特定电场强度下的伏安特性关系曲线（I-b）。

五、静电除尘器除尘效率测定实验

（一）实验原理

除尘效率的定义为所捕集的粉尘占烟气中粉尘量的百分比，不论何种除尘设备，

其除尘效率的计算式均为

$$\eta=\left(1-\frac{c_1}{c_0}\right)\times100\%\tag{2-2-4}$$

式中：c_0、c_1——分别对应除尘器进气口和排气口的粉尘浓度，mg/m^3。

　　由于静电除尘器的除尘效率一般高于 99%，除尘效率在对比中比较接近，因此对于高效除尘器，用穿透率来表示其除尘性能：

$$\lambda=1-\eta=\frac{c_1}{c_0}\tag{2-2-5}$$

（二）除尘效率测试实验仪器设备

　　静电除尘器除尘效率测试装置如图 2-2-4 所示，包括发尘装置、静电除尘器本体、高压发生器、采样装置和引风机等。

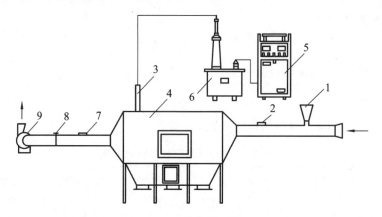

图 2-2-4　静电除尘装置

1—发尘装置；2—进口端采样口；3—高压进线箱；4—静电除尘器本体；5—高压控制柜；

6—高压发生器；7—出口端采样孔；8—流量调节阀；9—引风机

（三）实验方法与操作步骤

1. 实验准备

（1）仪器检查：检查所有的测试仪器功能是否正常，高压电极应有良好的接地装置并与测试者保持足够的安全距离。

（2）电极形式：记录电晕线和收尘极板的形式，测量电晕线与收尘极板的垂直距离。

2. 采样步骤

（1）测试准备：将测试仪的负高压输出端与电晕线相连，另一端接地；将收尘极板接微电流测试仪后再接地。

（2）开启引风机：测量电场风速，或者通过测量入口风速换算出电场平均风速；调整引风机使电场平均风速达到测试要求，一般为 0.8～1.0 m/s。

（3）外加电压：开启高压发生器，调节电压达到所需平均电场强度，一般为 2.5～4.0 kV·cm^{-1}。

（4）发尘：开启发尘装置均匀发尘，发尘稳定后调节高压发生器稳定在所需平均电场强度，记录此时的电流值和电压值。

（5）采样：同时开启进口端和出口端采样设备进行采样，测定进出口的平均浓度。

（6）每次测量，至少测量三次，取其平均值。

（四）实验结果记录与分析整理

1. 数据记录

测定静电除尘器工作参数，并计算除尘效率，结果填入表 2-2-4 中。

表 2-2-4　静电除尘器除尘效率测试数据记录表

采样编号	电压/kV	电流/mA	电场强度/(kV·cm^{-1})	电场风速/(m·s^{-1})	线板间距/mm	进口浓度/(mg·m^{-3})	出口浓度/(mg·m^{-3})	除尘效率/(%)
1								
2								
3								
⋮								

2. 数据处理

（1）结合粒径分布，计算出不同粒径对应的分级效率。

（2）结合比电阻测试，比较比电阻对除尘效率的影响。

（3）结合放电特性，测试电场强度对除尘效率影响的关系曲线。

六、思　考　题

（1）影响静电除尘器除尘效率的因素有哪些？

（2）防止静电除尘器二次扬尘有哪些技术和方法？

（3）除尘器的除尘效率和穿透率哪个指标更能够表示除尘器的净化效果？

实验三　烟气脱硫实验

一、实 验 目 的

工业烟气中含有大量的硫氧化物（SO_2 和 SO_3），若不经处理直接外排到大气中会产生"酸雨"，严重危害环境和威胁人体健康，因此需要对烟气进行脱硫处理。由于湿法脱硫工艺后烟气中含有大量的水分，以及脱硫浆液会形成"白色烟羽"，因此还需对脱硫烟气进行除雾处理。通过该实验应达到以下目的：

(1) 了解石灰石/石灰法脱硫的原理和方法；

(2) 了解自由纤维旋线除雾的原理和方法；

(3) 巩固烟气中气态污染物的采样原理和方法；

(4) 巩固烟气中水分含量的采样原理和方法。

二、石灰石/石灰法脱硫实验

（一）实验原理

湿法烟气脱硫工艺流程、形式和机理大同小异，主要是使用石灰石（$CaCO_3$）、石灰（CaO）或碳酸钠（Na_2CO_3）等浆液作为洗涤剂，在反应塔中对烟气进行洗涤，从而除去烟气中的 SO_2。石灰或石灰石法主要的化学反应机理如下。

石灰法：

$$SO_2 + CaO + \frac{1}{2}H_2O \longrightarrow CaSO_3 \cdot \frac{1}{2}H_2O \tag{2-3-1}$$

石灰石法：

$$SO_2 + CaCO_3 + \frac{1}{2}H_2O \longrightarrow CaSO_3 \cdot \frac{1}{2}H_2O + CO_2 \tag{2-3-2}$$

（二）石灰石/石灰法脱硫实验仪器设备

石灰石/石灰法脱硫实验装置主要包括烟气发生器、浆液池、喷淋塔、计量装置、空压机、SO_2 采样装置等，如图 2-3-1 所示。

（三）实验方法与操作步骤

1. 采样准备

(1) 仪器检查：检查所有的测试仪器功能是否正常。

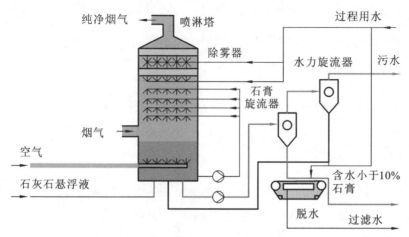

图 2-3-1　石灰石/石灰法脱硫装置

（2）实验室通风：由于二氧化硫是具有刺激性的有毒气体，因此测试环境应为负压通风，并保持实验室环境处于良好的通风状态。

2．采样步骤

（1）开启引风机和水泵。

（2）均布浆液：打开浆液进液阀门，调节浆液流量，使浆液均匀分布，当塔底槽内有浆液时，调节浆液流量至设定值，并记录喷液流量。

（3）模拟发烟：开启空压机，打开 SO_2 气瓶，调节混合气体（SO_2/空气）的浓度和流量至设定值，并记录烟气流量。

（4）烟气采样：脱硫系统稳定运行后，使用 SO_2 采样装置对进气和排气进行采样。

（5）每次采样，至少采取三个样品，取其平均值。

（四）实验数据记录与分析整理

1．数据记录

测定湿法脱硫实验的工况参数，并计算脱硫率，结果填入表 2-3-1 中。

表 2-3-1　脱硫实验数据记录表

采样编号	浆液流量/mm	烟气流量/(L·min^{-1})	液气比	采样时间/min	采样体积/L	进气浓度/(mg·m^{-3})	排气浓度/(mg·m^{-3})	脱硫率/(%)
1								
2								
3								
⋮								

2. 数据处理

(1) 改变 SO_2 初始浓度,绘制与脱硫率的关系曲线(η-c)。

(2) 改变液气比,绘制与脱硫率的关系曲线(η-L/Q)。

三、自由纤维旋线除雾实验

(一) 实验原理

湿烟气通过高速旋转的线盘,在多种除雾机理下实现气液分离,分离的液滴被甩向边壁,在重力作用下沉积到积水池,干净的烟气由烟囱排出。

自由纤维旋线除雾的主要作用机理:低速烟气和高速旋转纤维线之间存在强烈的惯性碰撞作用;旋转也带来了强烈的离心分离和温流扩散效果;纤维线自身具有良好的吸湿功能,以及纤维的毛细作用也大大减少了所捕集液滴的二次脱硫。

(二) 自由纤维旋线除雾实验仪器设备

自由纤维旋线除雾装置主要包括水雾发生装置、集水池、纤维线盘、电机、引风机、水分含量采样装置等,如图 2-3-2 所示。

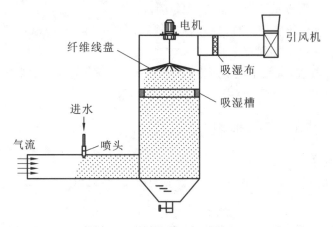

图 2-3-2　自由纤维旋线除雾装置

(三) 实验方法与步骤

1. 采样准备

仪器检查:检查所有的测试仪器功能是否正常。

2. 采样步骤

(1) 启动电机:使纤维线盘旋转至设定转速,一般为 300～900 r/min。

（2）开启引风机和水雾发生装置：调节风量和喷雾量至设定值。

（3）烟气采样：除雾装置稳定运行后，使用水分含量装置对进气和排气进行采样。

（4）每次采样，至少采取三个样品，取其平均值。

（四）实验数据记录与处理

1. 数据记录

测定自由纤维旋线除雾实验过程各参数，并计算除雾率，结果填入表 2-3-2 中。

表 2-3-2　除雾测试数据记录表

采样编号	采样流量/(m³·h⁻¹)	采样时间/min	采样体积/L	干球温度/℃	湿球温度/℃	电机转速/(r·min⁻¹)	除雾率/(%)
1							
2							
3							
⋮							

2. 数据处理

（1）改变电机转速，绘制与除雾率的关系曲线（η-n）。

（2）改变喷雾量，绘制与除雾率的关系曲线（η-c）。

四、思　考　题

（1）烟气中硫的危害有哪些？

（2）实验室测试脱硫率有哪些安全注意事项？

（3）影响石灰石/石灰法脱硫率的因素有哪些？

（4）根据双膜理论，在技术上可以采取哪些措施以提高湿法脱硫率？

（5）如何处理实验废液？

（6）简述自由纤维旋线除雾装置的除雾机理。

（7）影响自由纤维旋线除雾率的因素有哪些？

（8）预测一下，采用该方法进行湿法除雾后，烟气的相对湿度是多少？

（9）查阅文献，简述降低烟气相对湿度的方法有哪些。

实验四　烟气脱硝实验

一、实 验 目 的

工业燃煤燃烧后会产生较多的氮氧化合物(NO_2 和 NO)。它们是光化学污染的主要成因之一,也是破坏臭氧层的原始物质,对环境和人体健康均有较大的危害,因此需要对烟气进行脱硝处理。通过该实验应达到以下目的:

(1) 了解选择性非催化还原法的原理和方法;

(2) 了解选择性催化还原法的原理和方法;

(3) 巩固烟气中气态污染物采样原理和方法。

二、选择性非催化还原法脱硝实验

(一) 实验原理

选择性非催化还原(selective non-catalytic reduction,SNCR)法是一种不用催化剂,在 $850 \sim 1100\ ℃$ 范围内还原 NO_x 的方法,还原剂常用氨或尿素,其脱硝率一般为 $25\% \sim 35\%$,大多用作低 NO_x 燃烧技术后的二次处置。

其工作原理如图 2-4-1 所示,含有 NH_x 基的还原剂在炉膛内迅速热分解成 NH_3 和其他副产物,随后 NH_3 与烟气中的 NO_x 进行 SNCR 反应生成 N_2。

主要反应方程如下。

(1) 还原剂为氨水

$$4NH_3 + 4NO + O_2 \longrightarrow 4N_2 + 6H_2O \tag{2-4-1}$$

$$4NH_3 + 2NO + 2O_2 \longrightarrow 3N_2 + 6H_2O \tag{2-4-2}$$

$$8NH_3 + 6NO_2 \longrightarrow 7N_2 + 12H_2O \tag{2-4-3}$$

(2) 还原剂为尿素

$$(NH_2)_2CO \longrightarrow 2NH_2 + CO \tag{2-4-4}$$

$$NH_2 + NO \longrightarrow N_2 + H_2O \tag{2-4-5}$$

$$2CO + 2NO \longrightarrow N_2 + 2CO_2 \tag{2-4-6}$$

(二) 选择性非催化还原法实验仪器设备

选择性非催化还原法实验装置主要包括浆液池、燃烧炉、计量装置、引风机、NO_x

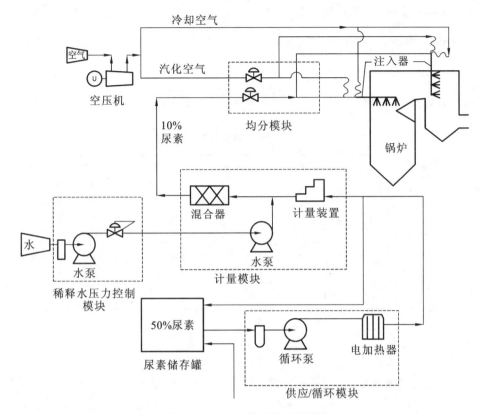

图 2-4-1 SNCR 脱硝实验原理图

采样装置等。

（三）实验方法与步骤

1. 采样准备

（1）仪器检查：检查所有的测试仪器功能是否正常。

（2）实验室通风：由于氮氧化合物、燃煤燃烧中产生的一氧化碳等均为有毒气体，因此测试环境应为负压通风，并保持实验室环境处于良好的通风状态。

2. 采样步骤

（1）开启引风机和水泵。

（2）发烟：将测试燃煤放入燃烧炉内点火，调节鼓风量和燃煤添加量，控制燃烧炉内温度至设定值。

（3）喷浆液：打开喷液调节阀，调节喷液量至设定值，并记录喷液量。

（4）烟气采样：脱硝系统稳定运行后，使用 NO_x 采样装置对进气和排气进行采样，记录燃烧炉内温度。

（5）每次采样，至少采取三个样品，取其平均值。

（四）实验数据记录与分析整理

1. 数据记录

测定非催化还原法脱硝实验的工况参数，并计算脱硝率，结果填入表 2-4-1 中。

表 2-4-1　SNCR 脱硝实验数据记录表

采样编号	浆液流量 /(L·s^{-1})	烟气温度 /℃	采样时间 /min	采样体积 /L	进气浓度 /(mg·m^{-3})	排气浓度 /(mg·m^{-3})	脱硝率 /(%)
1							
2							
3							
⋮							

2. 数据处理

（1）改变浆液初始浓度，绘制与脱硝率的关系曲线（η-c）。

（2）改变燃烧炉温度，绘制与脱硝率的关系曲线（η-t）。

三、选择性催化还原法脱硝实验

（一）实验原理

选择性催化还原（selective catalytic reduction，SCR）法是指在催化剂（V_2O_5/TiO_2 等）的作用下，利用还原剂（如 NH_3、液氨、尿素）"有选择性"地与烟气中的 NO_x 反应并生成无毒无污染的 N_2 和 H_2O。在合理的布置及温度范围下，其脱硝率可达 $80\% \sim 90\%$。

其工作原理如图 2-4-2 所示，含有 NH_x 基的还原剂在 SCR 反应器内在催化剂的作用下优先与烟气中的 NO_x 进行反应而生成 N_2。

反应方程式同上。

（二）选择性催化还原法实验仪器设备

选择性催化还原法实验装置主要包括浆液池、空压机、SCR 反应器、计量装置、引风机、NO_x 采样装置等。

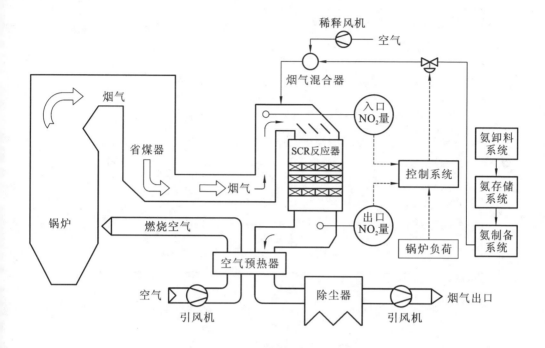

图 2-4-2　典型火电厂烟气 SCR 脱硝系统流程图

（三）实验方法与步骤

1. 采样准备

（1）仪器检查：检查所有的测试仪器功能是否正常。

（2）填装催化剂：按照设计填装催化剂。

（3）实验室通风：由于氮氧化合物为有毒气体，因此测试环境应为负压通风，并保持实验室环境处于良好的通风状态。

2. 采样步骤

（1）开启引风机和水泵。

（2）升温：开启 SCR 反应器，升温至设定温度，常用的催化剂催化温度一般为 300~400 ℃。

（3）发烟：打开空压机，调节气瓶开关，调节烟气量至设定值。

（4）喷浆液：打开喷液调节阀，调节喷液量至设定值，并记录喷液量。

（5）烟气采样：脱硝系统稳定运行后，使用 NO_x 采样装置对进气和排气进行采样，记录反应器温度。

（6）每次采样，至少采取三个样品，取其平均值。

（四）实验数据记录与分析整理

1. 数据记录

测定 SCR 法过程中的参数，并计算脱硝率，结果填入表 2-4-2 中。

表 2-4-2　SCR 脱硝实验数据记录表

采样编号	浆液流量 /(L·s⁻¹)	反应器温度 /℃	采样时间 /min	采样体积 /L	进气浓度 /(mg·m⁻³)	排气浓度 /(mg·m⁻³)	脱硝率 /(%)
1							
2							
3							
⋮							

2. 数据处理

(1) 改变浆液初始浓度，绘制与脱硝率的关系曲线（η-c）。

(2) 改变烟气初始浓度，绘制与脱硝率的关系曲线（η-c）。

(3) 改变反应器温度，绘制与脱硝率的关系曲线（η-t）。

四、思　考　题

(1) 烟气中氮氧化合物的危害有哪些？

(2) 简述脱硝工程中 SNCR 法和 SCR 法的优缺点和适用范围。

(3) 影响脱硝率的因素有哪些？

(4) 通过实验，比较 SCR 和 SNCR 两种脱硝方法的优缺点。

(5) 在还原剂的选择上，SCR 和 SNCR 脱硝方法有哪些不同？

实验五　烟气 VOCs 脱除实验

一、实 验 目 的

(1) 掌握催化燃烧法去除 VOCs 的基本原理。

(2) 了解催化燃烧法中催化剂性能的评价方法。

二、实 验 原 理

VOCs 是光化学氧化剂臭氧和过氧乙酰硝酸酯(PAN)的主要贡献者之一。根据 VOCs 在大气层中的高度差异和物种性质的不同,造成的污染也各异。VOCs 在平流层会破坏臭氧层,且易形成光化学氧化剂,使大气酸化,长期可造成全球范围的大面积污染。当 VOCs 扩散到对流层时,会使该层的臭氧浓度增大,主要机理为 VOCs 在太阳光的催化下通过光化学反应转化为臭氧。臭氧的形成能够加剧温室效应,带来一系列环境问题。同时臭氧对人体有害,空气中臭氧浓度达到一定范围时会引起人体肺部疾病,造成永久性伤害。

催化燃烧法是 VOCs 治理行业中应用较为广泛的方法之一,是典型的气-固相催化反应,在催化燃烧过程中,催化剂的作用是降低反应的活化能,同时使反应物分子富集于催化剂表面,提高反应速率,借助催化剂可以使有机废气在较低的起燃温度下发生无火焰燃烧,并氧化分解为 CO_2 和 H_2O,同时放出大量的热量。催化燃烧法流程如图 2-5-1 所示。

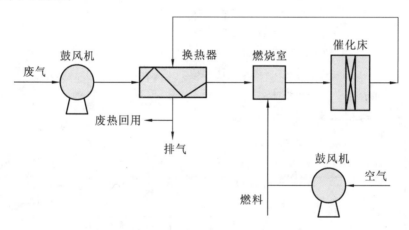

图 2-5-1　催化燃烧法流程图

待处理废气一般借助催化燃烧之后的净化气预热,当废气中可燃物浓度较低,并且经过这种预热后仍不能达到催化燃烧温度时,多数情况下是利用辅助燃料燃烧产生高温燃气与废气均匀混合升温,大部分碳氢化合物在 $300\sim450\ ^\circ C$ 的温度范围内通过催化剂床层可迅速氧化,其反应方程式为

$$C_mH_n+(m+\frac{n}{4})O_2 \xrightarrow[\Delta]{\text{催化剂}} mCO_2+\frac{n}{2}H_2O+Q \tag{2-5-1}$$

三、实验设备与装置

1. 实验原料

自制催化剂样品(固体颗粒 40～60 目)、空气(99.99%)、氮气(99.99%)、甲苯(分析纯)。

2. 实验装置及辅助设备

(1) 药匙 1 个。

(2) 40 目筛网 1 个。

(3) 60 目筛网 1 个。

(4) 压片机。

(5) 反应装置。

(6) 气相色谱仪。

催化剂的活性评价装置如图 2-5-2 所示。

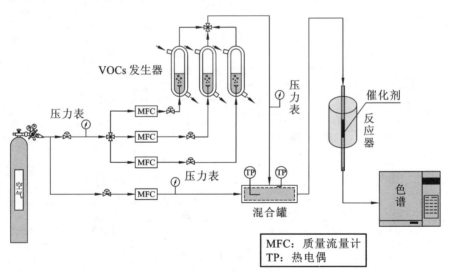

图 2-5-2　催化剂活性评价装置

四、实验内容与步骤

1. 准备工作

(1) 压实所需测试样品。

(2) 将压实的样品进行分筛,筛取 40～60 目之间的样品作为测试物。

（3）催化剂单次用量为 0.3 g,从反应器中取出装样管,用细铁棒将约一小指指节的石英棉塞于装样管中,置于装样管中间位置(要测催化剂体积时,再加催化剂)。用漏斗将甲苯加于鼓泡器中,加至鼓泡器三分之一位置,之后实验时记得观察甲苯是否用完。

（4）水浴箱中应装入大半水,升温前应检查箱内是否有水,温度设定为 60 ℃,待温度稳定后,开泵进行循环加热(或视天气情况,不开水浴也行)。

（5）稳定气路 0.5 h。

2. 操作步骤

（1）先通入氮气和空气,均调节为 0.4 MPa,再打开氢气发生器制造氢气(每次开机前要检查氢气发生器内的水位是否足够,要加到标线处)。

（2）打开色谱仪。

（3）在电脑桌面上打开"色谱工作站",点其左下角的"江汉大学",出现对钩号则说明连接成功。

（4）点击右侧的"控温"键,则仪器开始升温,到达设定温度后,仪器会自动点火。判断点火是否成功的标准:"当前电压"是否大于 1,点火成功则大于 1。

（5）色谱仪右侧上方的绿灯亮了,说明色谱仪准备工作已完成,等待基线走平(以上操作可与开水浴等操作同时进行)后,此时气路也稳定了,再点"进样"。

（6）待所需峰出完后,点击"结束"按键。

（7）打开桌面"ZB",再点击"打开文件",按照所测时间选出刚测完的色谱图并打开,点击"满屏"键;再点击"文件",选"引进模板",选择甲苯模板打开;点击"定量结果",再点击其上方的"定量计算",出现所测样品浓度。

（8）结束实验后,先点击色谱工作站界面右侧的"结束"键,"柱炉"温度降到 50 ℃,关闭氮气和空气(此为连接色谱的空气)发生器,待"辅助 1"栏的实测温度降到 200 ℃才可关闭氢气发生器,再关闭色谱仪和电脑。

五、实验结果记录与分析整理

实验时间_____年_____月_____日

所测气体_____

初始浓度_____

空气相对湿度(t_v)_____%

样品质量_____

样品体积_____

通过记录气相色谱仪随时间流出的曲线对应的峰面积(换算成浓度)来反映不同

温度下,该催化剂在固定床上对 VOCs 的催化作用效率。例如:甲苯在 20 ℃下浓度为初始浓度 1500 ppm 时,随着温度的升高,在 180 ℃ 可以达到 50% 的转化率;在温度达到 230 ℃时,VOCs 完全转化为 CO_2。根据 VOCs 的峰面积,对 VOCs 作定量分析。记录 VOCs 浓度随温度变化的数值,绘制 VOCs 催化氧化的转化率曲线。

(1) 记录随温度的变化 VOCs 浓度的变化,填入表 2-5-1 中,并绘制关系曲线。

(2) 记录随温度的变化 CO_2 浓度的变化,填入表 2-5-1 中,并绘制关系曲线。

表 2-5-1　实验记录

样品号	温度	VOCs/ppm	CO_2/ppm

六、注 意 事 项

(1) 肥皂水检漏:用毛刷蘸肥皂水涂于接口处,观察是否有鼓泡现象,若有说明漏气。

(2) 打开仪表盘上的各个键(除混合器流量和反应器控温开关),调节稳压管流量为 40 mL/min,再调节混合器流量。调节混合器流量时要从小开始慢慢调节到 300 mL/min,调节过程中要密切观察鼓泡器状况,以防止鼓泡器出现倒吸现象。

(3) 关闭反应装置时,先将装置上的控温调节为零,然后关闭空气发生器(连接装置)。关气时,先关主阀(顺时针为关),等两个仪表的示数均为零后再逆时针转动减压阀的子阀(拧紧为开),再将装置的流量都调到零,最后关闭设备。

七、思 考 题

称取已煅烧的活性氧化铝粉体 1 g,经过压片,过筛,选取 40～60 目之间的粉体,称取该粉体 0.3 g,装入固定床。所测 VOCs 为甲苯,初始温度为室温,初始浓度为 1000 ppm,考察活性氧化铝作为催化剂的活性,绘制随温度变化的催化效率曲线。改变甲苯浓度为 2000 ppm,绘制该浓度下的催化效率曲线。

本部分参考文献

[1] 孙克勤,韩祥. 燃煤电厂烟气脱硝设备及运行[M]. 北京:机械工业出版社,2011.

[2] 蒋文举. 烟气脱硫脱硝技术手册[M].2 版. 北京:化学工业出版社,2012.

[3] 郝吉明. 大气污染控制工程[M].3 版.北京:高等教育出版社,2010.

[4] 王纯,张殿印. 废气处理工程技术手册[M].北京:化学工业出版社,2013.

[5] 陆建刚.大气污染控制工程实验[M].2 版.北京:化学工业出版社,2016.

[6] 依成武,欧红香. 大气污染控制实验教程[M].北京:化学工业出版社,2009.

[7] 储伟. 催化剂工程[M].成都:四川大学出版社,2007.

[8] 吴越. 催化化学[M].北京:科学出版社,2000.

第三部分　固体废弃物处理与利用综合实验

实验一　城市生活垃圾的处理工艺实验

一、实 验 目 的

（1）掌握城市生活垃圾的采样、组成与特性分析。

（2）通过破碎和筛分实验,掌握破碎筛分技术以及实验数据的分析整理。

（3）掌握热值测定方法和氧弹热量仪的基本操作方法。

二、实 验 原 理

目前生活垃圾的处理方式主要有卫生填埋、焚烧、生物堆肥、厌氧消化等。城市生活垃圾来自城市生活的各个方面,其来源及性质复杂,影响其处理方式。城市生活垃圾的处理实验包括样品的采集与制备、物化特性分析等。

1. 城市生活垃圾的破碎和筛分

破碎是利用外力克服固体废物质点间的内聚力而使大块固体废物分裂成小块的过程。磨碎是使小块固体废物颗粒分裂成粉末的过程。固体废物经破碎和磨碎后,粒度变得小而均匀,其目的如下。

（1）原来不均匀的固体废物经破碎和磨碎之后变得均匀一致,可提高焚烧、热解、熔烧、压缩等作业的稳定性和处理效率。

（2）固体废物粉碎后堆积密度减小,体积减小,便于压缩、运输、储存和高密度填埋及加速复土还原。

（3）固体废物粉碎后,原来连生在一起的矿物或联结在一起的异种材料等单体分离,便于从中分选、拣选回收有价物质和材料。

（4）防止粗大、锋利废物损坏分选、焚烧、热解等设备或炉腔。

（5）为固体废物的下一步加工和资源化做准备。

筛分是利用一个或一个以上的筛面,将不同粒径颗粒的混合废物分成两组或两组以上颗粒组的过程。该过程可看作是由物料分层和细粒透筛两个阶段组成的。物料分层是完成筛选的条件,细粒透筛是筛选的目的。

2. 热值分析

垃圾焚烧是一种传统的处理垃圾的方法,焚烧的主要目的是尽可能焚毁废物,使被焚烧的物质变为无害和最大限度地减容,并尽量减少新的污染物质产生,避免造成二次污染。固体废弃物焚烧需要一定热量才能正常燃烧。要使物质维持燃烧就要求其燃烧释放出来的热量足以提供加热废物到达燃烧温度所需要的热量和发生燃烧所必需的活化能,否则就要消耗辅助燃料才能维持燃烧。固体废物热值是指单位质量固体废物在完全燃烧时释放出来的热量。有害废物焚烧一般需要的热值为 18600 kJ/kg。采用氧弹热量仪可测定固体废物的发热量或固体废物的热值。

物质的燃烧热或热值,是指单位质量的物质完全燃烧并冷却到原来温度时所放出的热量。任何一种物质,在一定的温度下,物料所获得的热量为

$$Q = C \times \Delta t = m q \qquad\qquad (3\text{-}1\text{-}1)$$

式中:C——热容,J/K;

$\quad$ m——质量,g;

$\quad$ Δt——初始温度与燃烧温度之差,K;

$\quad$ q——物料热值。

所以
$$C = mq/\Delta t \qquad\qquad (3\text{-}1\text{-}2)$$

在操作温度为 20 ℃、热量仪中水体积一定、水纯度稳定的条件下,C 为常数,氧弹热量仪系统的热容量是固定的,当可燃垃圾燃烧发热时,会引起热量仪中水温的变化(Δt),通过探头即可得到垃圾的发热量。

三、实验仪器和材料

1. 实验仪器

(1) 高速万能粉碎机。

(2) 标准筛。

(3) 台秤。

(4) 搪瓷盘。

(5) 烘箱。

(6) 全自动电脑量热仪。

(7) 马弗炉。

(8) 压片机。

(9) 垃圾采样工具:垃圾桶、垃圾袋、橡皮手套、口罩、磅秤、剪刀等。

2. 实验材料

集中收集某生活区的生活垃圾。

四、实验内容与步骤

（一）城市生活垃圾的采集与组成分析

（1）生活垃圾的采集：人工选取典型城市生活垃圾，最大尺寸小于 100 mm，用四分法取样得到粗样约 100 kg。

（2）按照我国生活垃圾三大类九小类进行分类、称重，分析城市生活垃圾的组成，均以湿重百分数计，结果见表 3-1-1。

（二）生活垃圾的破碎与筛分

（1）取样：从生活垃圾中选取代表性的可燃样品，如纸张、塑料、木材树叶、布料织物等，用四分法得到需要的样品。

（2）烘干：将准备好的实验物料放入电热鼓风干燥箱中，于 100 ℃下烘干。

（3）破碎：选取适量烘干好的物料放入高速万能机中进行粉碎。观察破碎前后物料的物理尺寸和表面化学变化，并对实验材料破碎前后体积和质量进行详细的记录。

（4）将破碎样品收集，进行筛分。

（5）检查所用的标准筛，按照规定的次序叠好。套筛的次序从上到下逐渐减小。

（6）把每个筛子上的物质用托盘天平称重，并且记录在表 3-1-2 中。各级别的重量相加所得的总和，与试样重量相比较，误差不应超过 1%。如果没有其他原因造成显著的损失，可以认为损失是由操作时微粒飞扬引起的。允许把损失加到最细级别中，以便和试样原重量相平衡。

（三）城市可燃垃圾热值的测定

（1）按照（二）处理得到的垃圾样品，称取 1.0 g 试样，压片；

（2）启动电脑及氧弹热量仪；

（3）按屏幕提示，从内桶中慢慢加注蒸馏水或去离子水，让内桶水位保持在 2/3 水位左右，直至屏幕提示"将溢水口打开"，放置 24 h，使水温与室温平衡（其差值应小于 1.5 ℃）；

（4）仪器预热 30 min；

（5）仪器热容量的测定：称取一定量的标准物质，将其放入燃烧锅内，装好点火丝；

（6）在氧弹头底部加入 10 mL 蒸馏水并装好氧弹头，放入自动桶内待测；

（7）在电脑软件中设置测定热容量，同时输入试样参数，开始测定；

（8）测试完毕后，读取热值即为仪器的热容量；

（9）样品热值的测定：将上述经过破碎后的固体废物压片，准确称取 1.0 g 试样，重复上述操作（4）～（6），测试完毕后读取热值即为固体废弃物的热值。

五、实验结果记录与分析整理

1. 生活垃圾的分类组成计算

按照表 3-1-1 测定生活垃圾各组成的重量。

表 3-1-1　城市生活垃圾组成重量分析

组　　成	易腐物			渣土			废品					
	动物性	植物性	小计	渣砾 ≥15	灰土 ≤15	小计	纸类	纺织品	塑料 橡胶类	金属	玻璃	小计
重量/kg												
湿重百分数/（%）												

2. 筛分实验数据记录

将生活垃圾筛分的结果进行统计，结果填入表 3-1-2 中。

初始质量：_____　　　　　　筛后质量：_____　　　　　　实验日期：_____

表 3-1-2　筛分实验数据

实验 次序	分　级　序　号	1	2	3	4	5	6	7	8
	分级粒径 $d/\mu m$								
	平均粒径 $\overline{d}/\mu m$								
第一次实验	质量 D_i/g								
	质量百分数 $\dfrac{\Delta D_i}{\sum \Delta D_i}$								
	筛上累计 $jR/（%）$								
	筛下累计 $jD/（%）$								
第二次实验	质量 D_i/g								
	质量百分数 $\dfrac{\Delta D_i}{\sum \Delta D_i}$								
	筛上累计 $jR/（%）$								
	筛下累计 $jD/（%）$								

实验次序	分级序号	1	2	3	4	5	6	7	8
	分级粒径 $d/\mu m$								
	平均粒径 $\overline{d}/\mu m$								
第三次实验	质量 D_i/g								
	质量百分数 $\dfrac{\Delta D_i}{\sum \Delta D_i}$								
	筛上累计 $jR/(\%)$								
	筛下累计 $jD/(\%)$								
平均	质量 D_i/g								
	质量百分数 $\dfrac{\Delta D_i}{\sum \Delta D_i}$								
	筛上累计 $jR/(\%)$								
	筛下累计 $jD/(\%)$								

3. 热值测定实验记录

记录生活垃圾热值测定的结果,填入表 3-1-3 中。

废弃物名称:_____　　　　　　　　实验日期:_____

表 3-1-3　热值实验数据

实 验 次 数		
标准物质质量/g		
仪器热容量/(kJ/kg)		
试样质量/g		
试样热值/(kJ/kg)		

六、注 意 事 项

(1) 点火丝不能碰到坩埚。

(2) 氧弹每次工作前要加入 10 mL 水,充氧需稳定 30 s。

(3) 工作时,关好实验室门窗。

(4) 将氧弹放入量热仪前,一定要先检查点火控制键是否位于“关”的位置,点火结束后,应立即将其关闭。

(5) 氧弹充氧的操作过程中,人应站在侧面,以免意外情况下弹盖或阀门向上冲出,发生危险。

七、思　考　题

(1) 简述城市生活垃圾的来源与组成特点。

(2) 为何氧弹每次工作前要加 10 mL 水？

(3) 影响热值测定的因素有哪些？

(4) 固体废物采用焚烧法处理时，其热值需要达到多少？

(5) 利用氧弹热量仪测量废物的热值时，哪些因素可能影响测量分析的精度？

实验二　有害废物的固化处理和浸出毒性实验

一、实　验　目　的

(1) 了解固化处理的基本原理。

(2) 初步掌握固化处理有害废物的研究方法。

(3) 了解固体废物毒性浸出实验的目的与意义。

(4) 掌握固体废物毒性浸出实验的基本方法。

二、实　验　原　理

1. 有害废物的固化

有害废物的固化处理是固体废物处理的一种常用的方法。利用物理或化学方法将有害固体废物固定或包容在惰性固体基质内，使之呈现化学稳定性或密封性的处理方法称为固化处理。该方法主要应用于原子能工业固体与液体废物处理、电镀业污泥、含汞污染、含砷泥渣等。

固化方法有水泥固化、石灰固化、热塑性材料固化、有机聚合物固化、自胶结固化和玻璃固化。

水泥固化是利用水泥和水化合时产生水硬胶凝作用将废物包覆的一种方法。以水泥为固化基质，利用水泥与水反应后可形成坚固块体的特征，将有害废物包容其中，从而达到减小表面积，降低渗透性，使之能在较为安全的条件下运输与处置的目的。

普通硅酸盐水泥的主要成分为硅酸三钙、硅酸二钙、铝酸三钙和铁铝酸四钙，它们与水发生一系列水合反应。

(1) 固化剂:水泥,加水发生胶凝反应。

(2) 固化过程:凝胶包容、反应沉淀。

$$CaO \cdot SiO_2 + H_2O \longrightarrow CaO \cdot SiO_2 \cdot H_2O + Ca(OH)_2 \qquad (3\text{-}2\text{-}1)$$

$$CaO \cdot SiO_2 + H_2O \longrightarrow CaO \cdot SiO_2 \cdot H_2O \qquad (3\text{-}2\text{-}2)$$

$$CaO \cdot Al_2O_3 + H_2O \longrightarrow CaO \cdot Al_2O_3 \cdot H_2O + Ca(OH)_2 \qquad (3\text{-}2\text{-}3)$$

$$CaO \cdot Al_2O_3 \cdot Fe_2O_3 + H_2O \longrightarrow CaO \cdot Al_2O_3 \cdot H_2O + CaO \cdot Fe_2O_3 \cdot H_2O$$

$$(3\text{-}2\text{-}4)$$

水化后产生的胶体将水泥颗粒相互联结,逐渐变硬而凝结成水泥,在变硬凝结的过程中将砂、石子、铬渣等固体废物包裹在水泥中。

2. 固体废物的浸出毒性

固体废物对水具有渗透性。当雨水、地表水或自身所含水通过固体废物时,其所含的有害成分都能以一定的速率溶出。浸出毒性是指固体废物遇水浸沥,浸出的有害物质迁移转化,污染环境的特性,是危险废物的重要特性。浸出毒性的测试是对固体废物进行分析测定的重要内容之一。

毒性特征沥滤法(TCLP)是美国政府为了执行资源保护和回收法(RCRA)对危险废物和固体废物的管理,该方法使用浸提剂调节固相废物的酸碱度进行翻动提取实验。TCLP研发的目的是确定液体、固体和城市垃圾中多项毒性指标的迁移性。此方法能监测出固体废物中能迁移转化的有害物质的含量,对危险废物和固体废物的管理具有重要的意义。

三、实验设备及材料

1. 实验仪器及设备

制样机,模具,胶砂搅拌机,胶砂振动台,强度试验机,水平振动机,浸出柱装置,20 目筛子,锤子,原子吸收分光光度计,养护箱,台秤,pH 计,分析天平,标准筛(孔径为 9.5 mm 的纱布,孔径为 $0.6 \sim 0.8 \ \mu m$ 的玻纤滤膜或者微孔滤膜),量筒等。

2. 实验材料

普通硅酸盐水泥,含铬废渣、黄沙、去离子水、铬标准液等。

3. 实验试剂

(1) 冰醋酸:分析纯。

(2) 盐酸溶液:1 mol/L。

(3) 硝酸溶液:1 mol/L。

(4) 氢氧化钠溶液:1 mol/L。

四、实验内容与步骤

（一）制作固化体

（1）先将铬渣粉碎，筛分，过 60 目筛子。

（2）按不同渣、灰比例：铬渣 400 g、黄沙 700 g、水泥 600 g 置于搅拌锅内，将渣与灰先混合搅拌 5 min，加入所需一定量的水，启动搅拌机 10～15 s 后，缓缓加入适量的水，(180±5) s 后停机，拌匀。

（3）迅速倒入置于振动台上的模具内，振动 1～2 min，刮平，放入养护箱中养护，在规定时间内取出脱模。

（二）强度测定

（1）水泥块养护 3 天后，取一块测定其抗折强度。

（2）继续养护 7 天、28 天，于强度试验机上测定 7 天、28 天的抗折强度。

（三）有毒物浸出速度的测定

（1）固体试块的破碎：将固体试块进行破碎至通过 20 目筛子，样品的颗粒应该可以通过 9.5 mm 孔径的筛，对于较大的颗粒可通过破碎、切割或者研磨等降低粒径。

（2）浸出速度的测定：将破碎固体试块装入浸出柱中，将蒸馏水以 12 mL/min 的流速注入浸出柱中，每 0.5 h 收集一次渗滤液，用原子吸收法测定渗滤液中的离子浓度，共收集 6 次，绘制浸出曲线。

（四）毒性基础实验

1. 浸提剂的配制

（1）浸提剂 1 的配制：将 5.7 mL 冰醋酸溶入 500 mL 去离子水中，再加入 1 mol/L 的氢氧化钠溶液 64.3 mL，用 1 mol/L 的硝酸或氢氧化钠溶液调节溶液 pH 值，使之保持在 4.93±0.05 的范围。

（2）浸提剂 2 的配制：将 5.7 mL 冰醋酸加入去离子水中，定容至 1 L，保持溶液 pH 值在 2.88±0.05 的范围。

2. 确定使用的浸提剂

取 5.0 g 样品至 500 mL 烧杯或者锥形瓶中，加入 96.5 mL 的去离子水，磁力搅拌 5 min，测定 pH 值，如果 pH<5.0，用浸提剂 1，如果 pH>5.0，用浸提剂 2。

3. 浸取步骤

(1) 如果样品中含有初始液相时,应用压力过滤器和滤膜对样品过滤。干固体百分比大于或等于 5% 时,将滤渣按如下操作浸出,初始液相与浸出液相合并后进行分析。

(2) 将 75~100 g 样品置于 2 L 提取瓶中,根据样品的含水率,按液固比为 20∶1 (L/kg) 计算出所需浸提剂的体积,加入浸提剂,盖紧瓶盖后固定在翻转式振荡装置上,调节转速为 (30±2) r/min,于 (23±2) ℃下振荡 (18±2) h。当振荡过程中有气体产生时,应该定时在通风橱中打开提取瓶,及时释放压力。

(3) 在压力过滤器上安装好滤膜,用稀硝酸淋洗过滤器和滤膜,弃掉淋洗液,过滤收集浸取液。使用相关仪器测定浸提剂中有毒物质的含量,对于一般的重金属,使用原子吸收光谱仪进行测定,同时做空白实验。

五、实验结果记录及分析整理

1. 固体抗压抗折强度测定实验记录表

测定不同养护时间的抗压强度,结果填入表 3-2-1 中。根据测得的不同养护时间的抗折强度,与其他组比较,作出具体分析。

试样名称:＿＿＿＿＿＿＿＿＿ 试样粒度:＿＿＿＿＿＿＿＿＿ 试样质量:＿＿＿＿＿＿＿＿＿

表 3-2-1 抗压抗折强度与养护时间的关系

养护时间/天	3	7	28
抗折(抗压)强度/MPa			

2. 浸出速度的测定

测定不同时间渗滤液中的重金属含量,结果填入表 3-2-2 中。根据不同取样时间测定渗滤液中铬的含量,计算出铬的浸出速率,并画出铬的浸出速率随时间的变化曲线。

表 3-2-2 有毒物质浸出时间与含铬浓度的关系

浸出时间/h	0.5	1	1.5	2	2.5	3
渗滤液中有毒物质含量/(mg/L)						

3. 浸出实验记录表

根据测定渗滤液中的重金属浓度,计算有毒物质的溶出率,结果见表 3-2-3。根据铬的浸出浓度判断能否达标。

表 3-2-3　浸出毒性结果

试 样 名 称			
渗滤液中有毒物质含量/(mg/L)			
有毒物质溶出率/(%)			

六、注 意 事 项

(1) 固化块制作过程中,水的加入速度要慢。

(2) 模具使用前后必须清理干净,并涂上一层机油。

(3) 浸出过程中,每个浸出容器中的液相部分必须全部通过过滤装置,并且必须收集全部渗滤液,摇匀后进行测定。

七、思 考 题

(1) 水泥固化过程中发生哪些化学反应?

(2) 水泥固化块为何要养护一段时间?

(3) 影响水泥固化的因素有哪些?

(4) 进行毒性浸出实验的现实意义是什么?

实验三　有机废弃物-生物质热解实验

一、实 验 目 的

(1) 了解生物质的概念及生物质利用技术,熟悉燃烧与热解的概念。

(2) 了解生物质热解技术及生物质热重数据处理。

二、实 验 原 理

热解(pyrolysis)是指将有机物在无氧或缺氧状态下加热,使之成为气态、液态或固态可燃物质的化学分解过程。热解技术是在高温下对有机固体废弃物进行分解破坏,在实现快速、显著减容的同时,能对废物中的有机成分加以利用。近年来,生物质热解技术受到国内外的普遍关注。

生物质热解与生物质燃烧相比有如下优点：①可将生物质中的有机物转化为以燃料气、燃料油和生物炭为主的储存性能源；②由于是缺氧分解，排气量少，有利于减轻对大气环境的二次污染；③废物中的硫、重金属等有害成分大部分被固定在生物炭中；④热解处于还原气氛中，故而 NO_x 的产量少。

生物质热解是一个非常复杂的化学反应过程，涉及众多化学和物理过程，包括大分子键的断裂、异构化和小分子的聚合等反应。热解过程模型可简化为图 3-3-1 的反应历程，该热解反应机理称为 Broido-Shafizadeh 机理。

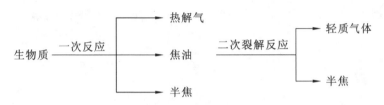

图 3-3-1　生物质热解过程模型

由图 3-3-1 可知，在生物质热解过程中，其中间产物存在二次反应变化趋势。第一次反应由生物质大分子变成小分子直至气体的裂解；一次热分解是从脱水开始，随后则是脱甲基或脱氢反应生成 CO 和 H_2。二次反应则是一次反应生成的多环芳烃化合物（焦油）再进行裂解、脱氢、缩合、氢化等反应生成小分子燃气和半焦。热解产物中的可燃气主要包括 $C_{1\sim5}$ 的烃类、氢气和 CO 气体；液态产物主要包括甲醇、丙酮、乙酸、苯、甲苯等液态燃料。固体产物主要为含碳高分子聚合物。热解原料类型不同，热解反应条件不同，热解产物也有差异。热解后，减容量大，残余炭渣较少。

热解过程中的温度变化对产品产量、成分比例有较大的影响，是最重要的控制参数。在温度低于 550 ℃时，油类含量相对较多。随着温度升高，一些中间产物发生二次反应使小分子碳氢化合物及 H_2 成分增多，气体产量与温度成正比例增长，各种有机酸、焦油、炭渣相对减少。加热速率对产品成分比例影响也较大。一般而言，在较低和较高的加热速率下热解产品气体含量高。

从上述讨论可知，温度是影响生物质热解行为的一个至关重要的参数。在高温下热解，由于热解反应的选择性，一次反应产物的二次裂解致使最终热解产物（焦炭、轻质气体、水分和焦油）的产率不同。此外，由于化学组成不同，不同类型的生物质热解特性有所不同。即使对于一种特定的生物质，其热解产物及产率依赖于温度、压力和加热速率，不同实验条件得到的有关生物质热解实验结果并没有太大的比较意义。因此，对于理解化学反应器中复杂的相互作用以及选择最优化的条件进行热解气化反应还有许多工作要做，可靠的生物质热解过程模型的建立需要对其脱挥发分过程有一个充分的认识。

热重分析实验研究恰恰是认识生物质脱挥发分的重要手段。

三、实验材料与仪器

1. 实验材料

生物质等有机高分子材料,可选取林业加工废弃物木屑、城市有机生活垃圾、农业生物质废弃物或塑料、橡胶等。

2. 实验仪器

(1) 热重分析仪 1 台(型号 TGA 4000,美国 Perkin-Elmer 公司)(图 3-3-2),程序升温。

(2) 高纯氮气(99.99%) 1 瓶。

(3) 电子天平 1 台。

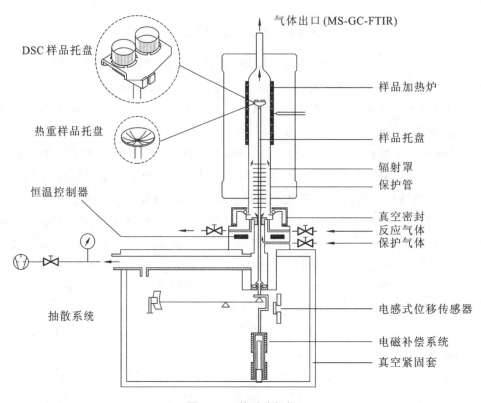

图 3-3-2　热重分析仪

四、实验内容与步骤

(1) 将所收集的生物质原料进行干燥、破碎筛分后得到实验所需粒径范围的生物质原料。

(2) 将筛分后的生物质样品 10 mg 左右放入样品盒中,开启高纯氮气(99.99%)瓶阀,控制相应载气流量;然后打开电脑,点击 TGA 4000 热重分析仪控制软件,程序升温,设定升温速率和加热终温,开始实验。实验过程中,为减小颗粒内部及边界层的传质、传热影响,将样品颗粒筛分使其粒径小于 1 mm,样品用量控制在 10 mg 左右。

(3) 热重分析过程详见热重分析仪(型号 TGA 4000,美国 Perkin-Elmer 公司)操作手册。到达要求实验时间后点击软件关闭加热按钮,待系统冷却后将样品盒取出。热解数据采用 Origin 软件分析。

五、实验结果记录与分析处理

热重技术用于研究物质热解行为,有等温和非等温两种方法。等温法是在恒定的温度下测量质量随时间的变化;非等温法是在程序控制温度下,测量物质的质量变化与温度、时间的关系的一种热分析技术。热重研究得到的物质质量与温度、时间关系的曲线,常被称为热重曲线(TG 曲线)。由于非等温热重分析过程中的升温速率恒定,故可用失重时间来表示,纵坐标为失重百分数。对热重曲线进行一次微分,就能得到微商热重曲线(DTG),它反映了试样质量的变化率和温度的关系,能更清楚地反映起始反应温度、达到最大反应速率的温度和反应终止温度,而且可用来区分热解的不同阶段,同时 DTG 曲线的峰高直接等于对应温度下的反应速率,上述数据由计算机实时记录并存储于其中。实验者可从计算机中调取热重实验数据进行分析处理,得出生物质热解反应的表观动力学参数。

假设在无限短的时间间隔内,非等温过程可看作等温过程,生物质的总体热解速率可表示如下:

$$\frac{\mathrm{d}\alpha}{\mathrm{d}t} = k \cdot f(\alpha) \tag{3-3-1}$$

式中:α——热解转化率;

　　k——反应速率常数;

　　$f(\alpha)$——体现物质热解表观动力学的函数,不同的反应动力学机理,$f(\alpha)$ 具有不同的数学表达式。较为常见的 $f(\alpha)$ 的表达式为

$$f(\alpha) = (1-\alpha)^n \tag{3-3-2}$$

式中:n——反应级数;

　　α——热解转化率。

热解转化率 α 为

$$\alpha = \frac{w_0 - w}{w_0 - w_f} \tag{3-3-3}$$

式中:w_0——热解样品的起始质量分数;

　　　w_f——热解样品的最终质量分数;

　　　w——温度为 T 时样品的质量分数。

因为热解温度低于 1000 ℃,处于化学控制区域,故 k 服从 Arrhenius 方程:

$$k = A \cdot \exp(-E/RT) \tag{3-3-4}$$

式中:A——指前因子,单位与 k 相同;

　　　E——表观活化能,$J \cdot mol^{-1}$;

　　　R——摩尔气体常数,$J \cdot K^{-1} \cdot mol^{-1}$;

　　　T——热力学温度,K。

联合式(3-3-1)、式(3-3-2)、式(3-3-4)可得:

$$\frac{d\alpha}{dt} = \frac{A_0}{B} \exp\left(-\frac{E}{RT}\right) f(\alpha) = \frac{A_0}{B} \exp\left(-\frac{E}{RT}\right) (1-\alpha)^n$$

在进行生物质热解的动力学研究过程中,研究者可选取不同的反应级数,也可在不同的反应阶段试用不同的反应级数,同时,还可给出不同反应阶段的活化能。在本实验中,为便于动力学参数的求解,可在假定热解反应机理的同时,假设反应为一级反应,即假设生物质热解反应符合 $(1-\alpha)^n$ 的反应机理,取 $n=1$。即反应动力学方程通式为

$$\frac{d\alpha}{dt} = kf(\alpha) = A \cdot e^{-E/RT}(1-\alpha) \tag{3-3-5}$$

式中:α—— 热解转化率;

　　　k—— 反应速率常数;

　　　E—— 反应活化能,$kJ \cdot mol^{-1}$;

　　　A—— 指前因子;

　　　R—— 摩尔气体常数,$J \cdot K^{-1} \cdot mol^{-1}$。

对于 $n=1$, 有

$$G(\alpha) = \int_0^\alpha \frac{d\alpha}{(1-\alpha)^n} = -\ln(1-\alpha) \tag{3-3-6}$$

将式(3-3-5) 右边积分得:

$$\int_{T_0}^T \exp(-E/RT)dT = \int_0^T \exp(-E/RT)dT$$

上式积分没有精确的积分值。通过引入一个函数多项式,并近似取前三项得:

$$\int_0^T \exp(-E/RT)dT = \frac{ART^2}{BE}\left(1 - \frac{2RT}{E}\right)\exp(-E/RT)$$

对一般的反应温度和大部分的 E 而言,$1 - \dfrac{2RT}{E} \approx 1$,将上式代入式(3-3-5),整理后再对两边取对数得:

$$\ln[G(\alpha)/T^2] = \ln(AR/BE) - E/RT \qquad (3\text{-}3\text{-}7)$$

在此基础上求取动力学参数。通过实验数据和预测值之间的最小二乘法确定，即可得到表观反应动力学参数，并可得到生物质在不同升温速率下的热解机理判断图。

六、注 意 事 项

从热重实验数据处理来看，升温速率等条件对热解机理的判断没有很大影响，并不影响热解反应模型的建立，但是升温速率对热解动力学参数的影响较大。这是由于热重曲线的形状和热解过程的升温速率有关，造成同一样品在不同的升温速率下得到的动力学参数不同。研究发现活化能和指前因子之间存在着补偿效应，即活化能的增大往往伴随着指前因子的增大。

因此采用热重技术研究生物质的热解反应动力学模型时需考虑动力学补偿效应。

升温速率对中药废渣热解的影响比较复杂。随着升温速率的增加，失重率和失重速率峰值均增大，且向高温侧移动。在所研究的粒径范围内，同一升温速率下，不同颗粒粒径的 DTG 曲线几乎没有变化。这表明对于中药废渣，当粒径较小时，升温速率对中药废渣的热解机理影响不大。热解机理可用一级反应描述，其表观活化能与指前因子存在动力学补偿效应。

七、思 考 题

(1) 热解与燃烧的区别是什么？对于高热值的城市有机物，你认为采用哪种方法进行最终处理较好，为什么？

(2) 对于农业生物质废弃物(如秸秆等)，你认为用哪种方法处理较好？

实验四　高湿中药废渣制备活性炭及其对 CO_2 的吸附实验

一、实 验 目 的

(1) 了解活性炭的概念及制备方法。
(2) 了解活性炭性能的表征及活性炭在环境保护领域的应用。

二、实验原理

1. 高湿中药废渣制备活性炭

活性炭是一种用含碳原料经多种预处理后活化制备而成的,孔隙发达、比表面积较大的吸附性材料。活性炭在食品医药、石油化工、冶金、环保等领域得到了广泛的应用。目前大部分活性炭由木材、煤炭制备而成,这些原料很难再生,因此原料成本很高。寻找一种低成本、易再生的原料来制备活性炭已成为研究热点。采用生物质废弃物作为原料来制备活性炭,一方面扩大了活性炭原料的来源,另一方面还解决了生物质废弃物的处理问题,成为活性炭制备的研究热点。

中药的生产过程中会产生中药废渣,中药废渣如果得不到有效的无害化处理,会对周围的环境产生巨大的危害。寻求一种将中药废渣制备成活性炭的有效途径,不仅可减少中药废渣的污染问题,还能大大提高中药废渣再利用的附加值。

实验以高湿中药废渣为原料,采用物理-化学两段活化法制备活性炭。第一步为物理活化,即利用高湿中药废渣自身的水分,在高温蒸汽环境下将中药废渣炭化活化制备成具有一定孔隙结构的一次活化料;第二步为化学活化,使用磷酸、KOH等化学活化剂将一次活化料进一步活化制备成活性炭。这样就避免了传统制造工艺中的干燥流程,减少了能源消耗。同时经过第一步物理活化制备出的一次活化料还具备发达的孔隙结构,使得第二步化学活化过程中的活化剂用量减少,浸渍时间和活化时间变短。此外经过物理活化后得到的一次活化料也可直接用作吸附材料。

目前已公开的、采用中药废渣作为原料制备活性炭的专利都是将中药废渣在低温下进行脱水干燥粉碎筛分处理后,浸渍化学活化剂进行活性炭制备;或将低温下脱水干燥的中药废渣在惰性气体氛围下热解炭化后,再将炭化料通入水蒸气进行物理活化或浸渍化学活化剂进行化学活化,进而制备活性炭。图3-4-1给出了高湿中药废渣两段法制备活性炭的流程图。

2. 活性炭吸附 CO_2 的实验

人类的工业化生产向大气环境中排放了大量的 CO_2,造成大气温室效应。有效捕集和回收 CO_2 可缓解全球气候变暖问题。目前,CO_2 控制技术应用较成熟的是吸收技术和吸附技术。吸收技术因有机胺类吸收剂耐氧性差,高温易损失,对设备腐蚀较严重,其商业运行模式还应进一步优化。吸附技术已有相当悠久的发展历史,寻求高效廉价的 CO_2 吸附剂可克服吸收技术的一些弊端,是 CO_2 捕集的有效途径之一。

实验选用高湿中药废渣制备活性炭,利用固体吸附床技术,从活性炭结构特性、CO_2 穿透特性等方面探索高湿中药废渣基活性炭吸附 CO_2 的性能。

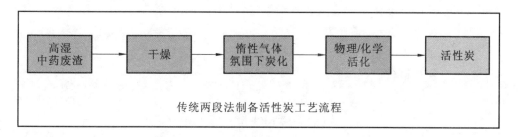

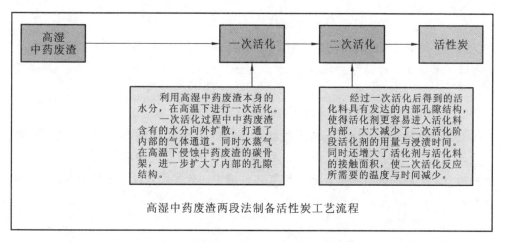

图 3-4-1　高湿中药废渣两段法活性炭制备与传统两段法活性炭制备工艺的差别

三、实验材料与仪器

1. 实验材料

(1) 高湿中药废渣。

(2) 磷酸或 KOH（分析纯）。

2. 实验仪器

(1) 用于活性炭制备的管式炉 1 台。程序升温，终温达 1200 ℃。

(2) 活性炭吸附烟道气小型反应器实验装置 1 套。

本装置可用于大气污染物催化处理的催化剂反应评价与分析实验，也可用于催化剂筛选、材料吸附性能等实验。实验装置系统包括进料部分（气相或液相，MFC 控制，计量泵）、混合预热部分、反应器部分、冷凝器部分、压力控制部分、分离器部分及数据采集系统等 7 个单元，反应器进出口预留气相色谱采样口，保证采样简易、安全。装置能进行常压或加压连续流动气固、液固、气液固反应。确定参数变量：反应设计温度（室温至 800 ℃），程序升温具有 PID 参数自整定功能；反应器材质为耐蚀耐高温镍基合金 C-276，反应压力：0～5 MPa；液体流量：0.02～1 L/min；气体流量0.05~3 L/min,4 路预设气相进料等,流量采用 MFC 控制。

(3) 高纯氮气、CO_2 各 1 瓶。

(4) 电子天平 1 台。

(5) 气相色谱仪。

四、实验内容与步骤

1. 高湿中药废渣制备一次活化料

将一定量的高湿干燥中药废渣置于坩埚内,密封好后放在惰性气体氛围下的管式炉内以一定温度进行高温炭化、活化至设定的时间后冷却。所得的产物即为一次活化料。

2. 两段活化制备活性炭(以 KOH 为活化剂)

称取一定量的一次活化料放入坩埚内,再加入一定比例的 KOH,用移液管移取适量蒸馏水并用玻璃棒搅拌,使一次活化料和 KOH 混合均匀后,于 105 ℃下烘干。然后再将烘干后的混合物放在还原性气体氛围中的管式炉内以一定的温度活化一定的时间。将得到的活性炭产物用蒸馏水洗涤、过滤、干燥、称重。

3. 活性炭吸附 CO_2 的实验

采用气相色谱分析活性炭吸附 CO_2 的小型实验装置吸附段进出口 CO_2 的浓度,得到吸附效率。

五、实验结果记录与分析处理

(1) 一次活化料得率

一次活化料得率是指一次活化料和高湿中药废渣的质量比,由式(3-4-1)进行计算:

$$Y_1 = \frac{m_1}{m_0} \times 100\% \qquad (3-4-1)$$

式中:Y_1——一次活化料的得率;

　　　m_1——一次活化料的质量;

　　　m_0——高湿中药废渣的质量。

(2) 活性炭得率

活性炭得率是指一次活化料和高湿中药废渣的质量比,由式(3-4-2)进行计算:

$$Y_2 = \frac{m_2}{m_1} \times 100\% \qquad (3-4-2)$$

式中:Y_2——活性炭得率;

　　　m_1——一次活化料的质量;

m_2——活性炭的质量。

（3）活性炭吸附 CO_2 效率的计算

$$\eta_{CO_2} = \frac{CO_{2,IN} - CO_{2,OUT}}{CO_{2,IN}} \qquad (3\text{-}4\text{-}3)$$

式中：$CO_{2,IN}$、$CO_{2,OUT}$ 分别表示吸附段进、出口 CO_2 的浓度。

六、注 意 事 项

（1）一次活化料制备时须保持在惰性气体氛围下，保持制备炉良好的密封性。

（2）活性炭吸附 CO_2 的实验中，须做好净化工作，防止混有活性炭粉末的 CO_2 进入气相色谱毛细管，引发毛细管堵塞。

七、思 考 题

（1）试分析高湿中药废渣两段法制备活性炭的经济可行性。

（2）对于高湿中药废渣，你认为还有哪些较好的处理方法？试说明理由。

实验五　生物质气化特性实验

一、实 验 目 的

（1）了解生物质气化概念及生物质气化技术，熟悉生物质气化与生物质热解、生物质燃烧的区别。

（2）了解生物质流化床气化技术及生物质气化产物的组成。

二、实 验 原 理

生物质气化过程中，颗粒流化速度由所供给的空气量控制，一般生物质气化所需的空气量仅为其完全燃烧所需空气量的 20%～40%，故为保持一定的流化速度，一方面气化炉截面积不能太大，另一方面要求颗粒的粒径要小。

相对于生物质的燃烧而言，生物质的气化具有释放速率高、燃烧效率高、能源输出和调节方便、燃烧器结构简单、没有颗粒排放、较低的污染物排放、不会出现热交换设备的淤塞、气化气体可用于 IGCC 系统等优点。此外，较低的运行温度可避免灰熔聚和结渣以及可将有毒、有害物质固留在残渣中。

　　生物质在流化床中的气化与固定床中的气化主要区别是生物质在流化床中的热解处于高温区,且由于生物质粒径较小,传热条件好,颗粒在床内加热速率很大,快速完成热解,高温焦炭在床底部与空气相遇,迅速燃烧放热,提供气化所需的足够热量,减少 O_2 与 H_2、CH_4、CO 等反应的机会,可保证气化炉出口气体热值较高。由于还原区区间大,有足够的时间完成焦油裂解与焦炭还原反应,可使气化效率进一步提高,所以流化床气化炉相对其他气化炉来说,生成的气体热值较高,碳转化率较高,而且所需的当量比较低,在 0.20~0.40 之间。流化床作为生物质气化炉的必要条件是床层内的颗粒流化速度要高于颗粒的终端速度。

　　运行参数是影响生物质流化床气化炉气化效率的重要因素,也是确定气化炉结构的依据。因此,在生物质流化床气化炉的设计与运行过程中,需考虑以下参数。

　　(1) 气化炉运行温度

　　从气化反应动力学可知:气化温度越高,焦炭的气化反应越完全,但温度太高会带来其他问题,如对气化炉及其辅助设备的耐温性能要求高,从而使成本大大提高。对于生物质流化床气化炉,炉内最高温度在 800~900 ℃ 即可,此时炉内悬浮段温度大部分在 600 ℃ 以上,出口处也有 500 ℃,基本上可以满足焦油裂解的要求。

　　气化过程中的最低温度以碳完全转化所需的条件来确定,温度主要依赖于生物质的元素组成和当量比。气化炉的最高温度受到灰熔点的限制,生物质的灰熔点一般在 1000 ℃ 左右,灰熔点主要依赖于灰组分以及反应气氛(还原或者氧化)。

　　(2) 流化速度

　　流化速度至少要求达到临界流化速度,但也要考虑到生物质颗粒密度较低,流化速度过高将使燃气中飞灰含量过高造成下游设备的淤塞,故控制生物质流化床气化炉的流化速度在 1 m/s 以下。

　　(3) 当量比

　　当量比定义为每千克燃料气化实际供应的空气量和每千克燃料完全燃烧所需要的理论空气量之比。当量比是操作和设计的主要指标,与运行温度是相互联系的,通过调整当量比可得到不同的运行温度,高的当量比对应于高的气化温度。在气化过程中,部分燃料燃烧释放热量来满足气化过程的吸热。当量比决定了在气化炉内燃料燃烧和燃料气化的份额,当量比也影响流化质量和床内温度。为满足气化过程的吸热反应、达到要求的碳转化率,满足气体、焦炭和灰分的显热损失和将气化炉保持在要求的温度下所需的热量需燃烧部分燃料释放热量来保证。通过燃烧部分燃料所需的最小空气量来确定最小当量比。对于灰分较高的生物质,需要燃烧相对较多的燃料,继而要求相对较高的当量比。

　　当量比的上限通过综合考虑反应器的温度、流化质量、气体热值和气体中的焦油含量来确定。当量比增加时,有较多的燃料燃烧,反应器温度持续升高,故而运行温度一定要低于生物质的灰熔点。随着当量比增加,气体产量持续增加;而当当量比增加到一定值后,气体热值降低,这主要是由于相当多的燃料燃烧而不是气化,空气中的N_2的稀释也起了一定的作用。因此,须将当量比限制在一定范围内。对于中药废渣的气化,若中药废渣的含湿量高,需较高的当量比来蒸发水分和提高气化温度。

对于给定的当量比,随着温度的增加,气化速率增加,使产品气产量增加,进而增加了气体的热值。然而,通过增加当量比来提高气化温度,空气流增加使N_2的增加快于温度升高提高气化速率而使气化产品气产量增加,从而造成气体热值降低。

（4）气、固相停留时间

生物质气化过程中,颗粒在气化炉内的停留时间越长,气化效率越高。但增加停留时间需要增加气化炉的体积,成本也相应增加。流化床气化炉中气相停留时间取决于焦油裂解速率,一般在$2\sim4$ s之间。

生物质流化床气化炉的结构参数主要包括三个方面,即床体体积、床体高度及加料、返料器开口的位置及结构选择(对于循环流化床气化炉而言)。这些参数须根据处理原料物理特性(如处理量、颗粒大小等)及所选择的运行参数而定。

生物质气化特性实验装置见图3-5-1,该装置由进料系统、流化床气化(催化气化)反应器、电加热与温控系统以及尾气净化与气体分析系统等构成。

取一定种类生物质为原料开展实验研究。采用电加热对气化炉升温,转子流量计调节入炉空气量。气化炉下、中、上部温度(T_1、T_2、T_3)通过MCGS工控软件在线采集,通过调整进料螺旋转速控制加料量。在电加热下,中药废渣在反应器内发生原位催化气化反应,产生的可燃气体通过旋风分离器后,一路经冷阱洗气瓶后进入在线气相分析仪分析,另一路直接放空。

工艺流程如下:

秸秆等农林生物质废弃物(经干燥处理)→破碎→人工转入→气化炉前料仓→螺旋输送器→气化炉→气化燃气→实验分析。

三、实验材料与仪器

1. 实验材料

生物质等有机高分子材料,可选取林业加工废弃物木屑、城市有机生活垃圾、农业生物质废弃物等。

2. 实验仪器

（1）生物质气化实验装置,如图3-5-1所示。

（2）便携式气相色谱及其净化系统1套,如图3-5-2所示。

（3）电子天平1台。

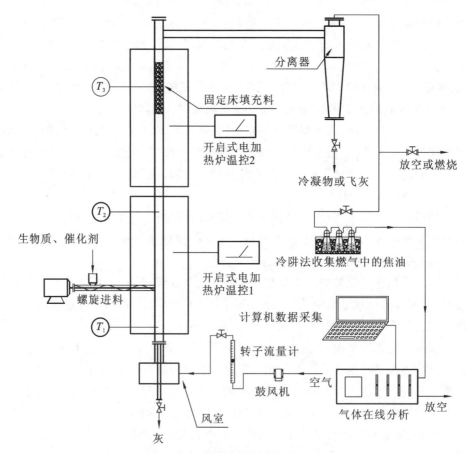

图 3-5-1　生物质气化的实验装置

图 3-5-2　便携式气相色谱及其净化系统

四、实验内容与步骤

(1) 将所收集的生物质原料进行干燥、破碎筛分后得到实验所需粒径范围的生物质原料。

(2) 将筛分后的生物质装入流化床气化炉前料仓。

(3) 装置运行前开展冷态实验,对布风板和系统阻力进行测试。

(4) 为确保生物质流化床气化装置运行稳定,针对各种生物质燃料特性开展供料系统性能实验与供料连续性实验。

(5) 开展生物质气化特性实验。

生物质流化床气化炉运行步骤:①电辅加热至 600 ℃。②气化炉温度升至 600 ℃左右时,开启螺旋输送器,逐步向气化炉内缓慢加入原料。待炉底温度升至 700 ℃左右时,增大气化炉进风量,使原料开始流化,在气化炉中部燃烧,提高气化炉中部的温度。③稳定气化阶段:当气化炉中部温度升至 700 ℃左右时,燃料已到达气化温度。此时开始加大进料量和进风量,并调整进料螺旋使进料速率稳定在一定量,气化炉中部温度稳定在 700~750 ℃之间。当温度高于 750 ℃时应适当增加加料量或减少进风量,当温度低于 700 ℃时应适当减少加料量或增大进风量。

实验采用空气作为气化介质,生物质热解和气化反应所需热量通过燃烧部分生物质原料及电辅加热来提供。气化炉内温度及产气量的改变通过调节进料螺旋输送器转速控制加料量和通过改变进气管蝶阀开度来调节进风量。当气化炉在较大负荷状态下运行时,温度变化会引起气体成分的变化。根据以往运行数据,气化炉操作温度在 700~750 ℃范围内时,气化产生的燃气热值较高,燃气质量稳定。

当炉温稳定后开始记录相关数据。收集生物质气化燃气,并通过气相色谱分析其组分含量。一次实验完成后,收集气化炉残余物称重,并对其进行元素分析。

五、实验结果记录与分析处理

1. 供料系统性能实验

由于生物质颗粒表面粗糙且形状各异,生物质颗粒之间及与其他物体表面的黏附性较强,导致生物质颗粒的流动性差。由于生物质颗粒热解温度较低,挥发分及其化合水的析出易使生物质胶结,导致在热态工况下的进料情况恶化。为克服生物质的流动性差、受热易黏结成团等缺点,设计合理的生物质进料系统是气化装置稳定、连续运行的关键。

由于进料线性好、能满足定量控制等特点,螺旋输送机是流化床气化系统常采用的进料设备。在本实验装置进料系统的设计中选用螺旋输送机,采用圆柱形平底振动燃料箱及特殊设计的刮板式螺旋进料口,有效地防止了棚料和供料螺旋塞料,进料口附近的进料管外部水冷夹套避免了生物质升温而引起的黏结成团。

（1）供料系统性能实验

为确保流化床气化炉的产气量稳定在设计范围内,考察在使用各种不同生物质原料时,各自对应的合理供料电机转速与供料量的关系,对 3 种有代表性的生物质进行了供料系统性能实验和供料系统连续性实验,以保证供料系统在向气化炉输送燃料过程中不发生棚料、卡料,使气化反应能稳定进行,测试进料螺旋不同转速所对应的进料量,以确定气化炉在不同状态时的产气量。数据记录表设计见表 3-5-1。

表 3-5-1　供料连续性实验

粒度/mm		
生物质类型 1：	生物质类型 2：	生物质类型 3：
进料速率/(kg/h)		
电流调频频率/Hz	生物质类型 1：	生物质类型 2：	生物质类型 3：

（2）供料连续性实验

考察供料系统供料连续性,保证供料系统在向气化器输送燃料过程中不发生棚料、卡料,使气化反应能稳定进行。保证粒度小于 15 mm、含水率低于 20% 的生物质在燃料仓中料层厚度为 10～200 mm（满料仓）,供料电机转速为 5 r/min 至各种燃料正常气化供料转速的 110% 时开展供料连续性实验。

2. 生物质流化床气化炉热态实验

（1）原料适应性、燃气成分及发热值实验

为验证气化炉对多种原料气化效果的适应性,进行原料气化适应性实验,可分别用不同种类的生物质开展实验。原料适应性实验数据记录表设计见表 3-5-2。

表 3-5-2　生物质原料适应性实验燃气成分与发热值

燃料种类	燃气成分/(%)							低位发热值 /(kJ/Nm³)
	CO_2	C_nH_m	O_2	CO	CH_4	H_2	N_2	

（2）实验过程中气化燃气热值（LHV）、产量数据的记录

实验过程中，固定入炉锯末量，通过调节入炉空气流量来改变当量比的变化。当量比对产生的原料气体成分和热值的影响较大。实验研究表明：当当量比在0.20～0.45之间时，随着当量比的增加，燃料气体（H_2、CO、CH_4）的总量减少，产品气热值降低，其产量增加，床层和稀相区温度有所上升。

实验过程中，要将当量比严格控制在0.25～0.33之间。记录不同当量比下燃气组分的变化，由此计算出燃气产量。

碳转化率定义为燃料中的碳转化为气态产物的百分数。在生物质气化过程中，碳的转化率是一个很重要的参数。碳的转化率对整个过程的效率以及过程的经济运行很重要。该数据也要通过实验数据分析计算得到。

六、注 意 事 项

（1）实验过程中应密切注意供料系统的正常运行。

（2）气化炉各密封面应保持良好密封性，防止漏风和产出气泄漏。

七、思 考 题

（1）如何计算生物质气化效率及其碳转化率？

（2）简述生物质流化床气化炉与固定床气化炉之间的优缺点。

本部分参考文献

［1］李秀金.固体废物处理与资源化［M］.北京：科学出版社，2011.

［2］张莉，余训民，祝启坤.环境工程实验指导教程［M］.北京：化学工业出版社，2011.

［3］章非娟，徐竟成.环境工程实验［M］.北京：高等教育出版社，2006.

［4］刘荣厚. 生物质能工程［M］. 北京：化学工业出版社，2009.

［5］李文哲. 生物质能源工程［M］. 北京：中国农业出版社，2013.

［6］张颖. 农业固体废弃物资源化［M］. 北京：化学工业出版社，2005.

［7］庄伟强. 固体废物处理与利用［M］. 北京：化学工业出版社，2009.

［8］刘广青，董仁杰，李秀金. 生物质能源转换技术［M］. 北京：化学工业出版社，2009.

［9］Prabir Basu. 生物质气化与热解使用设计与理论［M］. 北京：科学出版社，2011.

［10］米铁. 生物质气化过程的综合实验研究［D］. 武汉：华中科技大学，2002.

［11］王佩铭，许乾慰. 材料研究方法［M］. 北京：科学出版社，2005.

［12］蒋剑春. 活性炭应用理论与技术［M］. 北京：化学工业出版社，2010.